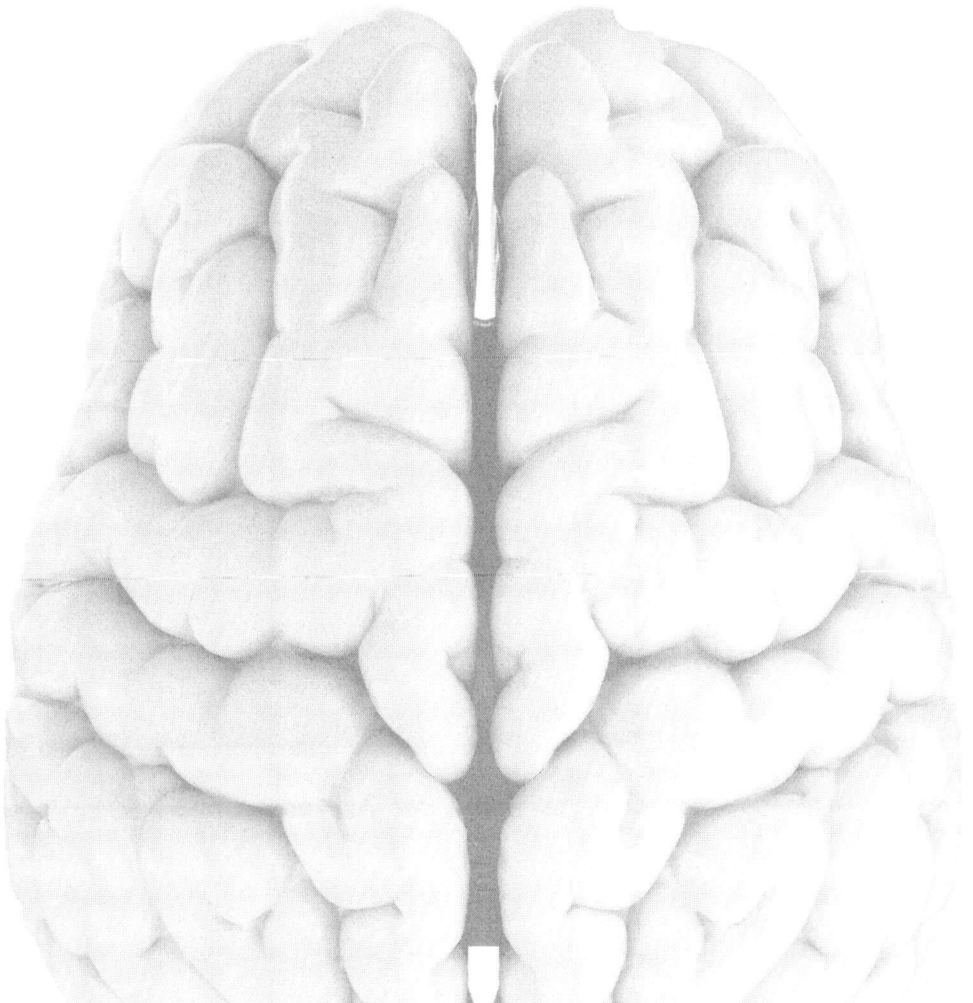

Círculo Rojo
EDITORIAL

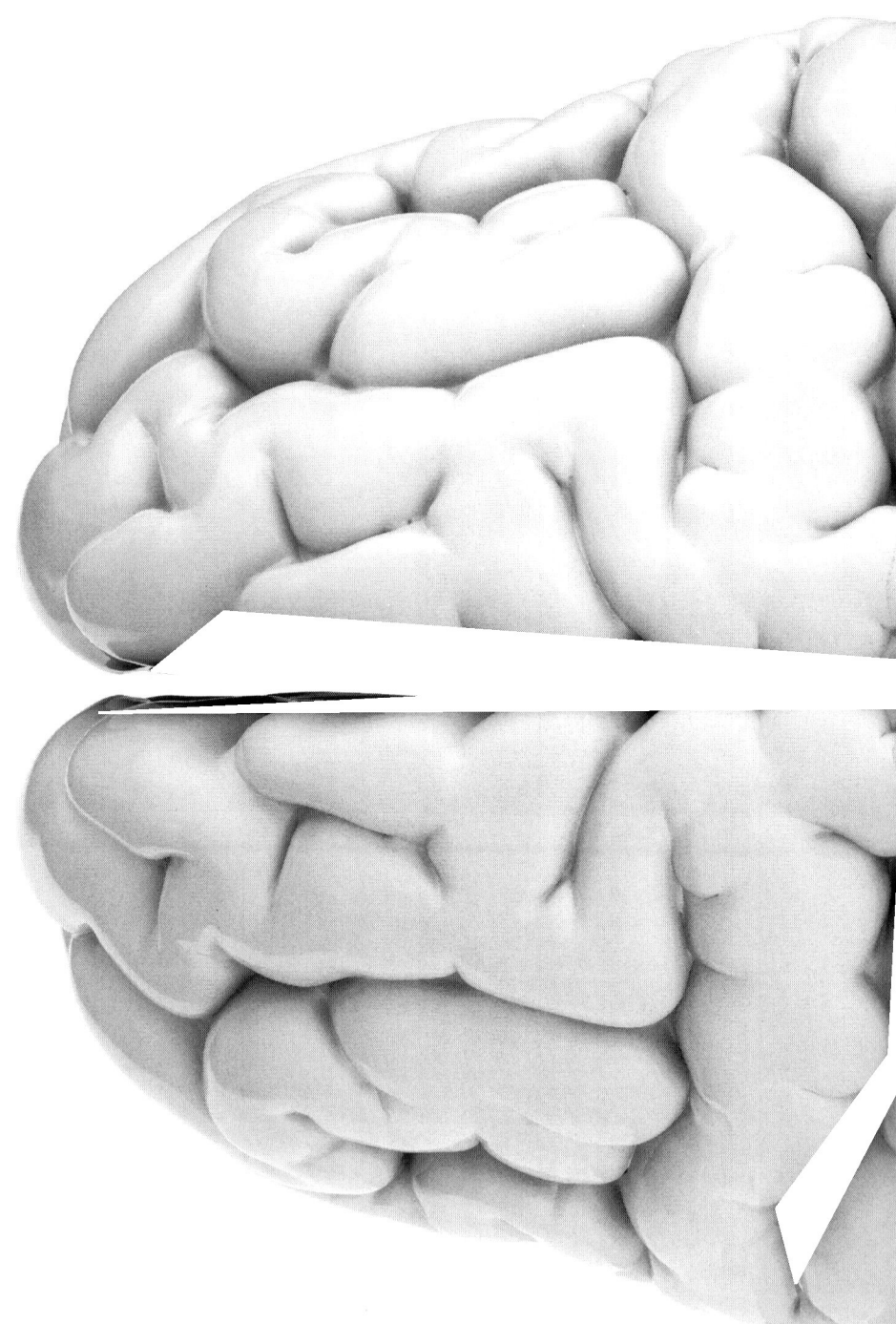

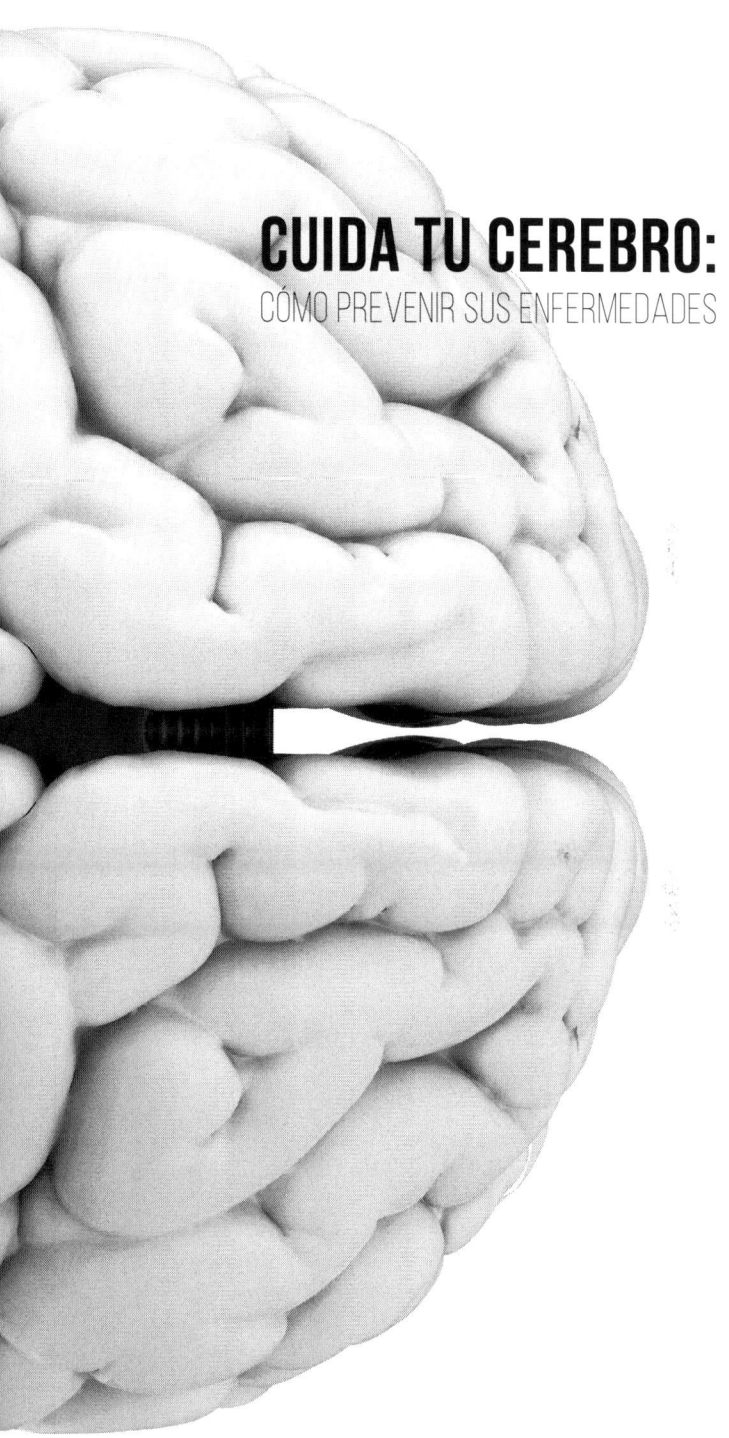

CUIDA TU CEREBRO:
CÓMO PREVENIR SUS ENFERMEDADES

CUIDA TU CEREBRO: CÓMO PREVENIR SUS ENFERMEDADES

JESÚS ROMERO LÓPEZ

Círculo Rojo
EDITORIAL

Primera edición: marzo 2024

Depósito legal: AL 396-2024

ISBN: 978-84-1061-753-7

Impresión y producción: Editorial Círculo Rojo

© Del texto: Jesús Romero López
© Maquetación y diseño: Equipo de Editorial Círculo Rojo

Editorial Círculo Rojo

www.editorialcirculorojo.com

info@editorialcirculorojo.com

Impreso en España - Printed in Spain

A mis padres.
A mi mujer Pilar, por su inestimable
ayuda en la redacción de este libro.
A mis hijos Jorge y Carlos.
A mis pacientes, por sus enseñanzas a lo largo
de mi actividad médica.

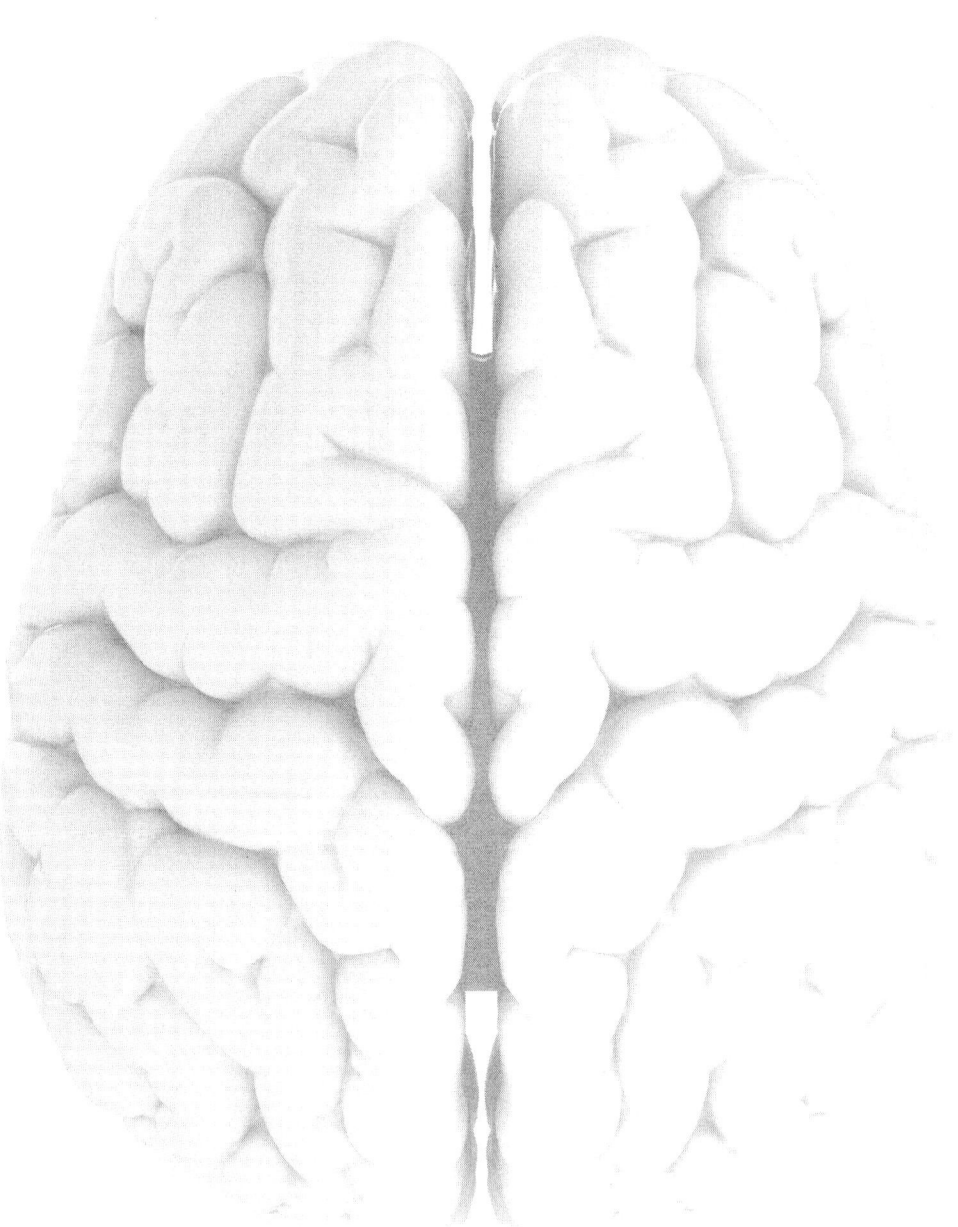

ÍNDICE

INTRODUCCIÓN

El cerebro humano es el órgano que esencialmente nos diferencia como especie. Su función nos permite la relación con nuestro medio ambiente a través de los sentidos y con el propio interior de nuestro cuerpo, con el que mantiene una interacción constante, proporcionándonos, en su conjunto funcional, nuestra identidad individual y de pertenencia al grupo social.

La evolución del cerebro de los homínidos ha requerido millones de años. Una de sus ramas evolutivas dio lugar al Homo sapiens hace unos trescientos mil años, que es el que representa el desarrollo encefálico de los humanos actuales. Partiendo de esa etapa evolutiva, hemos ido desarrollando nuevas funciones y reduciendo o anulando otras, como necesidad y consecuencia de la supervivencia, así como a la adaptación a un medio ambiente cambiante a lo largo de miles de años, factor básico en la evolución no solo del cerebro, sino de todo nuestro organismo.

El cerebro actúa como un procesador de distintos tipos de información que le llegan desde los sentidos, como la vista, el oído, el olfato, el gusto y el tacto, pero a su vez es selectivo en el filtrado de esa información, centrándose en aquellos estímulos que nuestra consciencia y atención, como proceso mental clave, selecciona en cada momento. Además, es capaz de recibir y analizar a la vez toda la información precisa para mantener el control y la homeostasis de nuestro cuerpo como un organismo integrado. A su vez, el cerebro es un emisor de acciones motoras simples o complejas, de un lenguaje que nos permite comunicarnos de forma muy precisa con nuestros semejantes, y es capaz de mostrar proposiciones ejecutivas, exponer ideas o manifestar a través del cuerpo los sentimientos o emociones que nos embargan de continuo.

La gran potencialidad creativa de nuestro cerebro se muestra en su capacidad cognitiva, en la creación de procesos mentales sencillos a muy complejos, en ser consciente del sí mismo y del ambiente en que nos desarrollamos, capaz de crear proposiciones e ideas que interactúan con nuestro entorno, en poseer una conciencia moral y unos valores y, en fin, en experimentar emociones y sentimientos. También nuestro cerebro es capaz de recoger y preservar la información que nos llega a través de un complejo sistema de memoria y es, como indicaba, el sustrato desde el que emerge nuestra mente propiciando la relación de todo nuestro organismo con nosotros mismos, con los demás, con nuestro entorno y con la naturaleza.

Nuestro sistema nervioso y el resto de todo nuestro organismo está en continua relación, poseyendo los centros de control para una gran cantidad de funciones cardiovasculares, respiratorias y metabólicas. Por otra parte, los cambios en las funciones corporales repercuten en nuestro sistema nervioso y por tanto en nuestro cerebro y su fisiología, así como los cambios patológicos en las distintas funciones corporales repercuten no solo en el órgano u órganos afectados, sino en el propio funcionamiento de nuestro cerebro.

En muchas ocasiones, este complejo sistema se ve alterado por procesos o enfermedades de muy distinta naturaleza, que llevan a disfunciones con diferentes grados de gravedad, afectando a la vida de las personas que las padecen. Hay enfermedades propias de nuestro sistema nervioso y exclusivas del cerebro, pero este también puede enfermar como consecuencia de procesos sistémicos o enfermedades concretas de algunos de nuestros órganos, que lo afectan secundariamente y en distintas formas y medidas.

Llegados a este punto, podemos preguntarnos: ¿Es posible prevenir esas enfermedades que afectan al cerebro? Y si esto es afirmativo, ¿Cómo podemos contribuir a proteger nuestro propio cerebro y cómo logramos prevenir las enfermedades que lo afectan? ¿Es esto un problema de la edad avanzada o debe implicarnos en edades más precoces? ¿Cuáles son las condiciones para mantener una buena salud cerebral? Estas, y otras muchas cuestiones, trataremos en este libro.

El progresivo envejecimiento de la población mundial, especialmente en Europa y por supuesto en España, en gran parte debido a un aumento de la esperanza de vida de la población, supone un reto sanitario y social, dado el incremento de las enfermedades crónicas (cronicidad) que se produce con la edad y especialmente con el aumento de la incidencia y prevalencia de enfermedades del sistema nervioso, en sí mismas muy invalidantes, produciendo una alta carga asistencial, sociosanitaria y económica. Por tanto, la prevención de esas enfermedades, es decir, que no se produzcan o que aparezcan en edades más avanzadas, supone una mejora importante de la calidad de vida de los individuos, porque se da «vida a los años», disminuimos el sufrimiento humano, se alivia la presión asistencial sanitaria, y la sociosanitaria, haciendo más leve su carga social y económica.

Estamos ante el desafío de un cambio de actitudes a distintos niveles educativos y sanitarios, que lleve a un empoderamiento de los individuos para que tomen conciencia de la responsabilidad sobre su propia salud; así como otras actuaciones, en este sentido preventivo, que deben implicar a las instituciones sanitarias, sistemas asistenciales u otros proveedores de salud y a la sociedad en general, para llevar a buen término estos propósitos.

Este libro que les presentamos está dividido en tres partes: En una primera parte, abordaremos las enfermedades más comunes que afectan al cerebro y, por lo tanto, que impactan en sus distintas funciones motoras, sensitivas o sensoriales, a sus capacidades cognitivas, sentimientos, emociones y, en definitiva, a nuestra mente; trataremos sucintamente sus manifestaciones clínicas, cómo se diagnostican y el manejo terapéutico actual de estas enfermedades y, finalmente, nos centraremos, como principal objetivo de este libro, en los conocimientos actuales sobre su prevención. En una segunda parte, tratamos de la salud en general, el envejecimiento cerebral sano y las propuestas para su mantenimiento saludable a lo largo de la vida. En una tercera parte del libro, a modo de *adendum*, se ofrece un resumen acerca de la anatomía del cerebro, su fisiología y cómo se manifiestan clínicamente las lesiones cerebrales según su localización, con una perspectiva global que nos permita comprender cómo funciona en situaciones normales o patológicas; además, se expone el manejo clínico y las pruebas complementarias más utilizadas en las enfermedades cerebrales.

Cada una de estas partes son independientes, por lo que el lector no tiene que seguir un orden establecido pudiendo abordar cada parte según sus intereses.

Como ya apuntamos, el objetivo principal de este libro es aportar la información científica actualizada sobre cómo actuar para prevenir enfermedades como el ictus, las demencias, especialmente la enfermedad de Alzheimer, la enfermedad de Parkinson, u otras enfermedades neurodegenerativas que afectan al cerebro. También se abordará el envejecimiento cerebral y sus consecuencias, los trastornos de memoria y otros déficits cognitivos desde una toma de conciencia de estos problemas y proponiendo las medidas aceptadas hoy en día para su prevención, es decir, crear una cultura de la prevención basada en los conocimientos actuales con evidencia científica.

Existen otras enfermedades neurológicas en las que actualmente no se ha llegado a sistematizar unos criterios de prevención primarias de las mismas, porque desconocemos en gran medida su fisiopatología y factores que puedan provocarlas, por este motivo no son tratadas en esta obra. Tampoco abordaremos las enfermedades mentales propias de otros entornos o marcos de conocimientos psicológicos y psiquiátricos, aunque tengan su base en trastornos de la función cerebral en distintos contextos fisiopatológicos.

Así mismo, se intentará encuadrar las propuestas preventivas de las distintas enfermedades dentro de las condiciones sociales y del entorno sanitario español, de nuestras formas de vida, así como de los cambios necesarios para promover un estilo de vida más saludable que mejore las condiciones de funcionamiento de nuestro cerebro a lo largo de las diferentes etapas de la vida; considerando siempre que la prevención debe iniciarse en edades tempranas como la infancia, la adolescencia o la juventud y persistir a lo largo de la vida, especialmente en el adulto mayor y en las edades avanzadas.

Este es un libro abierto, donde las opiniones que se vierten se basan en los conocimientos científicos actuales, con sus afirmaciones, sus controversias y su temporalidad. Y en los distintos temas que se tratan, se abordarán con un enfoque global, lo más didáctico, ameno y práctico posibles, sin pretender sustituir en ningún momento los criterios y decisiones de los médicos o sanitarios que atienden o atenderán a los pacientes y a sus allegados. Por ello, nuestro atento lector observará que, aunque indiquemos algunas pautas a seguir, siempre irán acompañadas de la recomendación de acudir a sus médicos, pues la persona es única y por tanto la toma de decisiones debe ser siempre personalizada y compartida entre el paciente y su médico.

Queremos señalar que las aportaciones teóricas y prácticas, indicaciones, propuestas y sugerencias que se vierten en este libro, están basadas en tres pilares: nuestros conocimientos científicos acumulados a lo largo de décadas de ejercicio profesional, en la experiencia de nuestra práctica médica y en la literatura científica contrastada que se aportará en la bibliografía, en la medida de las necesidades de un libro de divulgación para documentación y referencia de nuestros lectores. Finalmente, se ha elaborado un glosario explicativo de términos científicos y médicos para la mejor comprensión del texto.

PARTE I

PREVENCIÓN DE LAS ENFERMEDADES NEUROLÓGICAS

E N ESTA PRIMARA PARTE DEL LIBRO, vamos a entrar en contacto con un grupo de enfermedades comunes que bien afectan directamente al cerebro y que son propias de este órgano, como la enfermedad cerebrovascular o ictus, la enfermedad de Alzheimer, o la enfermedad de Parkinson, o bien son un otro grupo de enfermedades que afectan a distintos órganos corporales, entre ellos el cerebro y que, por tanto, son enfermedades sistémicas, como la hipertensión arterial, la diabetes, las dislipemias y otras, así como su interacción entre ellas.

Como anunciábamos en la «Introducción», el principal objetivo de este libro es la prevención de enfermedades que pueden afectar a nuestro cerebro, bien directamente o a través de las enfermedades sistémicas como las señaladas, por lo que antes abordaremos algunos conceptos generales sobre la prevención de enfermedades.

En Medicina el concepto de prevención se refiere al conjunto de actividades dirigidas a evitar la aparición de enfermedades, siendo complementario a la curación o tratamientos de estas, y por ello la Medicina se define como: «El arte y la ciencia de prevenir y curar las enfermedades». Existen distintas intervenciones preventivas, como las vacunaciones, cribados de enfermedades, planes o campañas de salud u otras actuaciones como la detección precoz de las enfermedades y así mejorar su pronóstico o evitar sus complicaciones. Otras actuaciones preventivas dependen de intervenciones en salud pública, programas de intervenciones medioambientales, mejoras de los saneamientos y suministros de aguas en general, políticas de alimentación, calidad de vivienda u otras muchas intervenciones en distintos ámbitos que mejoren la calidad de vida de los ciudadanos en general o grupos sociales específicos o vulnerables, y que son claves en el mantenimiento de la salud de toda la población.

La prevención de las enfermedades es básicamente de dos tipos: la prevención primaria, que tiene por objetivo disminuir la probabilidad de que se desarrolle una enfermedad, es un conjunto de actuaciones que deben realizarse en el periodo previo a su inicio biológico o periodo prepatogénico. Otras veces la enfermedad se ha iniciado, pero todavía es asintomática (periodo presintomático, silente o preclínico), y en esta fase puede detectarse la enfermedad mediante cribados en poblaciones predispuestas a determinadas patologías. La prevención secundaria es la que se realiza una vez establecida la enfermedad sintomática, con el objetivo de impedir su progresión o su recaída.

Este libro está enfocado a la prevención primaria de determinadas enfermedades que pueden afectar al cerebro, abordando los conocimientos y medios que tenemos hoy en día para evitar que se produzcan estas enfermedades.

Los factores de riesgo de una determinada enfermedad son el conjunto de variables biológicas, ambientales u otra enfermedad o enfermedades, que por sí mismas o en asociación entre ellas son determinantes en el desarrollo de una enfermedad concreta que afecta directamente a un órgano diana, en nuestro caso las que afectan al cerebro.

Los factores de riesgo se dividen en *factores no modificables*, es decir, sobre los que no podemos actuar, como la edad, el sexo, la raza, o la herencia genética, y los *factores modificables,* que son aquellos sobre los que podemos actuar, como el tabaquismo, la hipertensión, la diabetes, el colesterol y otros cuyo tratamiento y control pueden evitar la aparición de una enfermedad concreta, como iremos viendo en las distintas enfermedades que nos afectan.

CAPÍTULO I
CÓMO PREVENIR EL ICTUS O ENFERMEDAD CEREBROVASCULAR

El término ictus procede de la palabra latina *ictus,* que significa «golpe», y también es denominado como enfermedad cerebro-vascular. Es una de las enfermedades neurológicas más frecuente por su incidencia y su alta prevalencia, debido a las graves secuelas que a menudo le acompañan. El tipo más frecuente es el ictus isquémico, que se produce por la falta de riego sanguíneo en un área cerebral determinada como consecuencia de la obstrucción de una o varias arterias cerebrales por un trombo local o un émbolo procedente habitualmente del corazón o de otra arteria principal que aporta sangre al cerebro, como las arterias carótidas, y suponen alrededor del 85 % de los casos de ictus. También el ictus puede producirse por una hemorragia cerebral, que ocurre en el 15 % de los casos, y la causa es la rotura de un vaso cerebral con irrupción de la sangre en una zona del parénquima cerebral con una extensión variable, o puede que se localice en las meninges y entonces se denomina hemorragia subaracnoidea.

El ictus afecta anualmente a unos quince millones de personas en todo el mundo, de los cuales cinco millones fallecen (es la segunda causa de muerte a nivel mundial) y otros cinco millones de pacientes presentaran secuelas más o menos graves e incapacitantes, otros cinco millones se recuperan satisfactoriamente. En España, se producen de 120 a 130 000 ictus (incidencia) al año, con más de 24 000 defunciones por enfermedad cerebrovascular en 2022, y es la primera causa de muerte en las mujeres y la segunda en los hombres (según datos de la ESO: European Stroke Organization, conferencia de 2021).

La gravedad del ictus se muestra en la mortalidad, ya que alrededor de un 10 al 15 % de los pacientes fallecen en el primer año tras el episodio y es la mayor causa de discapacidad en los adultos, ya que el 30 % de los que lo padecen presentan alguna secuela severa que les impide una vida independiente, otro 30 % de los pacientes tendrán alguna discapacidad, aunque les permitirá una vida independiente, y alrededor del 30 % no les quedarán secuelas. Según distintos datos de la literatura, el coste anual de cada ictus estaría alrededor de los 30 000 euros durante el primer año de la enfermedad, e incluye costes sanitarios directos, costes directos no sanitarios (cuidados formales e informales) y costes indirectos (pérdida de productividad laboral).

El ictus ocasiona en España un gasto sanitario anual de unos 1 250 millones de euros según datos de la Sociedad Española de Neurología del año 2018.

En la actualidad, unos 330 000 españoles sufren secuelas tras haber sufrido un ictus y el 35 % de ellos están en edad laboral (según datos aportados por la Sociedad Española de Neurología). Estas cifras de incidencia y prevalencia son similares a los países de nuestro entorno, y representan un alto coste sociosanitario y de sufrimiento para el paciente y sus familiares. La buena noticia es que alrededor del 90 % de los ictus se podrían evitar (datos de la Sociedad Española de Neurología. Día Mundial del Ictus, octubre 2022) y por tanto mejorar estas cifras tan abrumadoras. De aquí, la gran importancia que, a nivel individual, social, sociosanitario y económico, tiene la prevención del ictus, así como evitar el intenso sufrimiento humano que provoca esta enfermedad.

1.1. Manifestaciones clínicas, diagnóstico y manejo del ictus

Las manifestaciones clínicas del ictus son muy variadas y dependen del área de localización cerebral o del territorio vascular afectado. En el recuerdo anatómico de la tercera parte de este libro, indicamos las principales arterias cerebrales que irrigan el cerebro. Respecto a la localización el ictus, se clasifica en:

1. *Ictus del territorio anterior* afectan a las arterias cerebrales anteriores o cerebrales medias o sus ramificaciones, todas ellas dependientes de la arteria carótida interna y que pueden manifestarse como déficits de los lóbulos frontales, parietales o temporales que se describen en la tercera parte.
2. *Ictus del territorio posterior* aparecen cuando se afectan las arterias cerebrales posteriores o la arteria basilar, o algunas de sus ramas, todas ellas dependientes de las arterias vertebrales y sus manifestaciones clínicas serán las propias de las lesiones que afectan los lóbulos occipitales, parte interna de los lóbulos temporales o del tronco cerebral, total o parcialmente.

Estos territorios arteriales se comunican entre sí a través de unas arterias llamadas comunicante anterior y comunicante posterior, que constituyen el polígono de Willis, muy importantes para compensar los posibles déficits de flujo sanguíneo entre el territorio arterial anterior y el posterior.

Por tanto, el ictus se puede manifestar de muy diversas maneras, siendo los síntomas más frecuentes: déficit de fuerza o motor en un lado del cuerpo o en un miembro, afectación del lenguaje total o parcialmente y tanto de la expresión como de su comprensión, desviación de la comisura labial hacia uno de los lados, o trastornos sensitivos en un lado del cuerpo.

Puede haber ictus con sintomatología menos frecuente, como trastornos sensitivos en un lado del cuerpo, pérdida de visión por un campo visual, o por un solo ojo, visión doble, trastorno en el equilibrio o la marcha, estado confusional, cefalea brusca e intensa, u otros trastornos neurológicos. Y en general suele presentarse como una combinación de estos síntomas.

En ictus extensos, tanto isquémicos como en la hemorragia cerebral, puede existir disminución del estado de conciencia o alerta en distintos grados, según la extensión o localización de la lesión, y la afectación de la conciencia pude ser tan profunda y el paciente entrar en estado de coma que, en sí mismo, tiene varios niveles y es indicativo de mal pronóstico o secuelas severas.

Existe una forma peculiar y frecuente de ictus, que es el *Accidente Isquémico Transitorio* (AIT), definido como una disfunción focal neurológica de causa vascular, que suele durar menos de una hora (aunque se acepta una duración de los síntomas de hasta 24 horas) y sin evidencia de infarto cerebral en las pruebas complementarias como el TC o la RM cerebral (ver glosario de términos o Parte III). Los AIT no dejan secuelas, pero se consideran un signo de alarma ya que en muchas ocasiones preceden en horas o días a un ictus establecido. Los síntomas focales son los mismos que describimos para el ictus, pero con una remisión rápida de los síntomas. Las causas y factores de riesgo son muy similares a los que trataremos en los ictus, pero es imprescindible el estudio urgente de estos pacientes, con el objetivo de prevenir un ictus establecido que puede ser más o menos grave. En estos casos, el paciente debe acudir a urgencias de un centro médico para iniciar los estudios y el tratamiento lo antes posible.

En general los ictus ocurren de forma brusca y los déficits neurológicos de que hemos hablado se instauran en un tiempo escaso, a partir del cual empieza a correr un tiempo clave para iniciar su tratamiento, pues la muerte neuronal es directamente proporcional al tiempo de duración de la isquemia en ese área cerebral y, por tanto, relacionado con la recuperación completa de los déficits o las secuelas que quedarán en la fase crónica del ictus o incluso llevar a la muerte del paciente. De aquí, la frase acuñada en el ambiente sanitario de que *el tiempo es cerebro*, y que debería extenderse como un concepto en la educación y en salud de la población en general.

Según datos actuales, por cada minuto de detención de la circulación cerebral, en el área implicada se pierden cerca de dos millones de neuronas, lo que supone unos ciento veinte millones de neuronas en una hora, por lo que ictus siempre es una urgencia médica, debe llamarse al 112 y trasladar urgentemente al paciente a un centro hospitalario (recomendaciones de la Sociedad Española de Neurología).

Hoy en día es clave la atención urgente al ictus a través de programas sanitarios como el *Código Ictus* establecido en todas las Comunidades Autónomas de nuestro país, que prioriza la atención urgente al ictus con equipos especializados. Para que este código funcione eficazmente es importante la implicación de la sociedad en general, aprendiendo a reconocer los síntomas del ictus antes expuesto y ponerse en contacto lo antes posible con los Servicios de Urgencias (112, 061), para la pronta atención del paciente en las Unidades o Equipos de Ictus, con las que cuentan la mayoría de nuestros hospitales en todo el territorio nacional. Se ha constado que estas actuaciones implementadas y mejoradas en las últimas décadas, han disminuido de manera considerable la mortalidad y las secuelas de los ictus allá donde se ha aplicado la atención urgente, especialmente en las Unidades de Ictus.

En los últimos años se ha extendido la fibrinolisis mecánica o trombólisis realizada por expertos neurorradiólogos, que introducen catéteres hasta la circulación cerebral para, de forma mecánica, extraer el coágulo que obstruye la arteria, con excelentes resultados en el pronóstico y recuperación del ictus e importantes expectativas de mejora.

En las Unidades de Ictus y plantas de Neurología atendidas por neurólogos las 24 horas del día, se inicia precozmente la rehabilitación del ictus, realizada por médicos y fisioterapeutas rehabilitadores expertos en esta patología. Parte de estos tratamientos no son aplicables a las hemorragias cerebrales, aunque sí se benefician del tratamiento en las Unidades de Ictus y la rehabilitación precoz que estas ofrecen.

La atención urgente proactiva y mejorada con nuevas tecnologías a través de los Códigos Ictus que hemos vivido en las últimas décadas, y especialmente los avances que se han podido aplicar gracias a la compleja organización de las Unidades de Ictus y su extensión por un número importante de hospitales, están fructificando en una importante disminución de la mortalidad y de las secuelas de los ictus, dibujando un futuro muy esperanzador en el tratamiento de estas patologías.

Los distintos tipos de secuelas tienen relación con la localización, la clínica que presentó el ictus en la fase aguda y sus consecuencias, que se manifiestan en la fase crónica, como son: pérdida de fuerza de todo un lado del cuerpo, que puede ser desde leve hasta grave, impidiendo caminar o realizar actividades de la vida diaria; dificultades en la emisión o comprensión del lenguaje (afasias) de intensidad variable, pero que pueden dificultar de forma severa la comunicación del paciente; pérdida de visión generalmente por un lado del campo visual (hemianopsia); alteraciones sensitivas o dificultades más o menos severas de la marcha y el equilibrio; rigidez de los miembros afectos; depresión, y trastornos de memoria u otros déficits cognitivos que pueden llevar a la demencia. Estas secuelas pueden tener una intensidad variable, desde déficits leves a grandes discapacidades, y frecuentemente se suman entre ellas.

Por tanto, son muy importantes todas las medidas preventivas que a lo largo de nuestra vida podamos realizar, y esto no solo implica a las personas de edad avanzada, sino a todas las edades, pues la prevención de cualquier enfermedad debe hacerse desde las edades más tempranas ya que los factores de riesgo, muchos de ellos en sí mismos enfermedades, funcionan sobre nuestro organismo a largo plazo, es decir a lo largo de años y años. Y además sus efectos deletéreos son, en cierta manera, sumatorios. Se trata de crear desde la infancia una cultura de la salud, que se tiene que basar en unos conocimientos y unas prácticas de vida saludables, y que iremos abordando en los próximos apartados. Para ello, analizaremos cuáles son esos factores de riesgo y estilos de vida que debemos evitar o aquellos que hay que potenciar para prevenir el ictus pues, como decíamos anteriormente, y queremos recordar, el 90 % de los ictus podrían evitarse con una buena prevención.

1.2. Factores de riesgo del ictus

En este apartado trataremos de los factores riesgo que pueden provocar la aparición de ictus o enfermedad cerebrovascular. Intentaremos definirlos, conocer su incidencia en la población, saber cómo actúan en general y especialmente sobre el órgano diana que aquí nos ocupa, que es el cerebro, y daremos unas pautas generales de cómo se deben tratar o controlar. Como el lector observará, además de aportar nuestros consejos sobre la prevención, siempre utilizaremos «la coletilla» de *acuda usted a su médico o a su proveedor sanitario*, porque en un libro con intención divulgativa no se puede ni se debe entrar en la complejidad de los diagnósticos y tratamientos reservados exclusivamente para los profesionales sanitarios, manteniéndonos en el área de la información y del conocimiento de una manera general, pero basado siempre en las evidencias científicas actuales para la ilustración de nuestros apreciados lectores.

Los factores de riesgo se definen como: «Aquel elemento mensurable que participa en la cadena etiológica de la enfermedad y se comporta como un predictor significativo e independiente del riesgo de presentar la enfermedad» (Framingham Heart Study).

Antes de entrar en detalles es conveniente apuntar que los factores de riesgo del ictus son compartidos por otro tipo de enfermedades cardiovasculares (ECV), es decir del corazón y de las arterias que discurren por nuestro organismo. Hay una gran relación entre el corazón y el cerebro, tienen unos comportamientos fisiológicos y fisiopatológicos muy estrechos, de manera que los factores de riesgo que afectan a los vasos cerebrales comprometen también a las arterias coronarias que irrigan el corazón y a la inversa. Esos mismos factores de riesgo afectan a grandes arterias como la aorta, las arterias renales, las ilíacas, o las que van a las piernas, como las femorales y las poplíteas, cuya estenosis (estrechamiento) u oclusión (trombosis) llevan a déficits de perfusión del riego sanguíneo más o menos marcados, produciendo distintas sintomatologías derivadas de trastornos isquémicos cardiológicos o renales, isquemia de las piernas, o de otra localización (1).

En general, los distintos factores de riesgo vascular van a actuar sobre la circulación cerebral extra o intracraneal, produciendo arterioesclerosis de sus arterias, que cuando es pronunciada llevan a estenosis u oclusión de estas, con la consecuente isquemia de la zona que irrigan, desencadenando un ictus isquémico. También, la causa de un ictus puede ser la formación de trombos en el corazón debido a cardiopatías, o bien en el inicio de la arteria aorta o en la bifurcación de las carótidas por arterioesclerosis. Estos trombos se desprenden del corazón o de las paredes arteriales, denominándose émbolos, que emigran desde su zona de origen a través del torrente sanguíneo, alcanzando las arterias cerebrales de distinto calibre según el grosor y las características de los propios émbolos produciendo los llamados ictus embólicos, la mayoría de ellos procedentes del corazón y por ello denominados ictus cardioembólicos.

Diferentes macroestudios de seguimiento de sujetos sanos o con distintos factores de riesgo vascular, o una combinación de estos, han mostrado que dichos factores son sumatorios y que su

efecto aditivo multiplica la probabilidad de desarrollar una enfermedad vascular de cualquier tipo, y en un grado mayor si se
compara con cada uno de los factores por separado.

Actualmente existen escalas que se utilizan en la clínica habitual para determinar el riesgo de sufrir un evento vascular en
sujetos previamente asintomáticos, aparentemente sanos o que
tienen uno o varios factores de riesgo vascular. La más utilizada es
la escala SCORE, que mide la probabilidad de enfermedad cardiovascular a los diez años, según la edad de sujeto y la existencia
o no de otros factores de riesgo vascular. Esta escala está basada
en grandes bases de datos europeos de sujetos entre 24 a 75 años,
y relaciona factores como la edad, sexo, colesterol, consumo de
tabaco y tensión arterial. Existen otras escalas específicas para los
distintos niveles de tensión arterial asociado o no a otros factores
de riesgo vasculares.

Existen cuatro categorías de riesgo cardiovascular: muy alto,
alto, moderado y bajo, donde se combinan la presencia o no de
enfermedad cardiovascular previa, diabetes, enfermedades lipídicas (dislipemias), insuficiencia renal, y la estimación de la escala
SCORE, donde se contemplan factores de riesgo ya indicados
y referenciada a países considerados de riesgo bajo, moderado o
alto. La combinación y severidad de estos parámetros determinan
el riesgo cardiovascular del paciente, que se expresa en la probabilidad de muerte o episodios vasculares (infarto de miocardio o
ictus) en los siguientes diez años de vida. El principal determinante del riesgo cardiovascular es la edad y la relación de esta con
el tiempo de exposición a los distintos factores de riesgo.

En la práctica, la identificación de los factores de riesgo y su combinación son esenciales para la prevención, no solo de los pacientes
con riesgo muy alto, sino también de las personas con riesgo moderado o bajo que deben recibir consejos médicos sobre su estilo de vida,
control de los factores de riesgo que presenten y recibir tratamiento
farmacológico según precisen. Siempre hay que tener en cuenta as-

pectos relacionados con la cultura sanitaria de las poblaciones y las prácticas habituales de los proveedores sanitarios.

Como antes se indicó, clásicamente y no solo para la patología vascular, los factores de riesgo se clasifican en *no modificables,* como son: la edad, la raza, el sexo y factores hereditarios o genéticos, y los *modificables,* que son aquellos sobre los que podremos actuar de distintas maneras (1, 2). (Tabla 1).

Tabla 1
Factores de riesgo del ictus

Factores de riesgo no modificables:
Edad.
Raza.
Condicionantes genéticos.
Sexo.
Factores de riesgo modificables:
Hipertensión arterial.
Diabetes *mellitus.*
Dislipemia.
Obesidad.
Síndrome metabólico.
Tabaquismo.
Cardiopatías embolígenas.
Enfermedades de la arteria aorta y carótidas.
Alcoholismo.
Abuso de drogas.
Estados protrombóticos.
Tratamientos anticonceptivos y hormonales sustitutivos.
Migraña.
Apnea del sueño.

Estos factores a veces actúan de forma sumatoria o en conjunto, como el conocido *síndrome metabólico,* que se manifiesta en pacientes con hipertensión arterial, diabetes, dislipemia y obesidad. Estos sujetos presentan lo largo de su vida un alto riesgo de enfermedad vascular debido a la arterioesclerosis que afecta a distintitos niveles del sistema circulatorio.

Antes de entrar en el análisis de los distintos factores de riesgo, en este capítulo abordamos principalmente la prevención primaria de las enfermedades que afectan al cerebro, centrándonos en las actuaciones para que no ocurra la enfermedad. Solo ocasionalmente hablaremos de prevención secundaria, que es la que se realiza para que no se repita o no progrese una determinada enfermedad en un sujeto que ya la ha padecido, por ejemplo, un paciente que ha tenido un ictus y que se le indican unas medidas, como cambios en el estilo de vida y farmacológicos encaminados a protegerle de nuevos ictus.

El incremento de la *edad* es el mayor factor de riesgo para el ictus. La incidencia del ictus se dobla cada década pasados los 55 años. La mitad de los ictus ocurren en mayores de 75 años y se disparan a partir de los 85 años, y esto sucede en cualquier lugar del mundo. Entre los 45 a 75 años los hombres tienen una mayor tasa de ictus que las mujeres, sin embargo, la tasa bruta es mayor en las mujeres debido a su más alargada longevidad. Dado el progresivo aumento de la esperanza de vida, estamos asistiendo a un claro incremento de esta patología, lo que supone, como ya indicamos, un gran reto asistencial, sociosanitario y económico, dado los altos costes asistenciales y las frecuentes secuelas del ictus, que implican unas altas inversiones en el cuidado de estos pacientes. De aquí la importancia de poner las medidas adecuadas para su prevención, intentando en lo posible contrarrestar el paso del tiempo.

Respecto a la *raza* se sabe que las personas de origen afroamericano y algunos latinos americanos tienen más alta incidencia de todo tipo de ictus que los blancos. Los indios americanos tienen una incidencia bastante más alta que los de origen caucásico. No se conoce bien si estas diferencias se deben a factores genéticos o ambientales o una mezcla de ambos. Los factores de riesgo para el ictus, como la hipertensión arterial, diabetes u obesidad, son más frecuentes entre los afroamericanos, pero no parece explicar el exceso de riesgo. El acceso a los cuidados de la salud, determinantes socioeconómicos y otras circunstancias pueden favorecer estas diferencias. También entre la población china, coreana o japonesa existe una mayor incidencia de ictus que en los blancos, especialmente de hemorragias cerebrales.

En cuanto al *sexo*, en las edades comprendidas entre los 65 a 74 años, el ictus es más frecuente entre los hombres, pero esto cambia a partir de los 75 años, en que se hace más frecuente en las mujeres, tanto en incidencia como en prevalencia, en cierta medida debido a la mayor media de edad (esperanza de vida) que estas alcanzan respecto a los hombres. Por otra parte, como antes se indicó, el ictus es la primera causa de muerte en las mujeres en edades avanzadas, colocándose por delante de otras patologías.

Parecen existir algunos *condicionantes genéticos* en la patogénesis del ictus. Actualmente se considera que una historia familiar de ictus incrementa un 30 % la probabilidad de padecerlo sobre la población general. Las mujeres con ictus tienen más carga familiar de esta patología que los hombres. En pacientes jóvenes con ictus es más probable que tengan un familiar de primer grado que haya sufrido un ictus. Los gemelos idénticos (monocigóticos) tienen entre ellos 1,6 veces más probabilidades de ictus que los gemelos no idénticos (dicigóticos). Se han encontrado un extenso grupo de genes que podrían estar relacionados con el ictus aisladamente o como efecto sumatorio asociado a otros factores de riesgo, pero esto está en estudio y actualmente no está indicado cribados genéticos poblacionales para su prevención.

Hasta aquí hemos tratado los factores de riesgo no modificables, sobre los que no podemos actuar, y seguidamente abordaremos aquellos otros sobre los que sí se pueden realizar acciones en el sentido preventivo, es decir son *factores modificables*. Como antes se indicó, insistimos en señalar que estos factores de riesgo pueden ser sumatorios en su acción patogénica, constituyendo a veces síndromes donde varias enfermedades se suman, como sucede con el síndrome metabólico antes aludido.

1.3. Tensión arterial e ictus: ¿por qué y cómo debo controlar mi tensión arterial?

La presión o tensión arterial (PA) es la presión que ejerce nuestra sangre, impulsada por el corazón dentro de nuestras arterias, que es un continente elástico que se dilata en la sístole cardíaca cuando el corazón inyecta la sangre a las arterias, produciendo la presión arterial sistólica (PAS), y esto es seguido por su contracción durante la diástole cardíaca, fase en que el corazón se relaja y recibe la sangre, recogiéndose la presión arterial diastólica (PAD).

En términos generales se considera una PA arterial normal entre 120-129 mm Hg (milímetros de mercurio) de PAS y 80-84 mmHg de PAD, medida en consulta médica. Se considera normal-alta cifras de 130-139 de PAS/85-89 mmHg de PAD, y a partir de estas cifras existen distintos grados de la llamada Hipertensión Arterial (HTA) que, según la Guía Europea de Prevención de Enfermedades Cardiovasculares de 2021, sería: grado 1: 140-159 y/o 90-99 mmHg; grado 2: 160-179 y/o 100-109 mmHg, grado 3: mayor de 180 y/o mayor de 110 mmHg. Estos rangos utilizados en la práctica clínica se basan en la evidencia que muestran estudios observacionales de incidencia de ECV según los rangos de PA y un número importante de ensayos clínicos de calidad, en los que se ha mostrado que el tratamiento de los pacientes centrado en estos rangos de PA es beneficioso respecto al descenso de estas ECV en poblaciones muy amplias de distintos países y condiciones socioeconómicas diferentes (2).

La HTA afecta del 30 al 45 % de la población adulta y en los mayores de 60 años la padecen más del 60 %. Es algo más frecuentes en los hombres que en las mujeres, y se estima que, en el mundo, en el año 2015, había unos 1 130 millones de hipertensos, con más de 150 millones de europeos afectados. No existen grandes diferencias en su prevalencia entre países con distintos tipos de renta, es decir entre ricos y pobres. La detección, el control y el tratamiento de la HTA siguen siendo deficientes en Europa y el resto del mundo, a pesar del claro beneficio en salud que se obtiene con los tratamientos hipotensores (2).

Alrededor del 95 % de los pacientes hipertensos sufren la llamada hipertensión arterial esencial, también llamada primaria o idiopática, donde en su etiología se mezclan condicionantes genéticos, ambientales y estilos de vida. En el 5 % restante, las hipertensiones son secundarias, a distintas causas como drogas o fármacos, insuficiencia renal, ciertos tumores, etc., y por este motivo todo caso de HTA debe ser estudiado desde su inicio y llegar a un diagnóstico de su etiología para establecer un pronóstico y tratamiento adecuados.

La HTA a lo largo del tiempo va produciendo daños estructurales y funcionales que llevan a una arterioesclerosis de los vasos sanguíneos arteriales de órganos importantes como el corazón, el cerebro, el riñón, la retina y otros. La lesión de estas arterias compromete el riego sanguíneo de esos órganos, lo que puede producir distintas enfermedades, como infarto de miocardio, ictus, retinopatía hipertensiva, insuficiencia renal, isquemia periférica u otras.

Cuando se sufre de HTA se incrementa la incidencia y prevalencia de distintas enfermedades vasculares cerebrales, como el ictus cerebral isquémico, el infarto lacunar y la hemorragia cerebral. Hay también formas más silentes de daño cerebral de causas vascular que cursan de forma más progresiva y que se manifiestan muchas veces como deterioro cognitivo, y que son los microinfartos cerebrales silentes, los microsangrados, y la enfermedad de pequeño vaso cerebral que afecta a su sustancia blanca, produce atrofia cerebral y en su progresión pueden llevar a la conocida demencia vascular, muchas veces acompañando a demencias degenerativas. Cada una de estas entidades debe ser estudiada en su momento agudo o subagudo o cuando aparezcan signos o síntomas relacionados con deterioro cognitivo. En estos casos, su médico considerará la necesidad de consultar con un especialista y la realización de pruebas de imagen cerebral como el TC o la RM cerebral, para confirmar o descartar diagnósticos.

Respecto al estudio, control y tratamiento de la HTA, su médico le tomará la tensión arterial en la consulta y emitirá un diagnóstico y pautará o no un tratamiento según la necesidad de cada paciente. Puede que sea necesario comprobar algunas elevaciones de la PA, hacer otras pruebas cardiovasculares, análisis de sangre, pruebas de imagen, etc. También su médico puede indicarle que se tome usted la PA en casa con su aparato de toma de tensión arterial (tensiómetro) adecuado y previo cierto entrenamiento, lo que se conoce como AMPA (Auto-Medida Presión Arterial en el domicilio) o bien pautarle una prueba más compleja conocida como MAPA (Monitorización Ambulatoria de la Presión Arterial), que permite obtener mediante un aparato específico registros automáticos de la PA a lo largo del día, en el medio habitual del enfermo, incluido el periodo de siesta, sueño nocturno, despertar, horas de trabajo, ejercicio, etc., lo que es muy útil tanto para el diagnóstico como para el seguimiento de la HTA. Con todos estos medios su médico valorará su riesgo de padecer, en el curso del tiempo, una enfermedad cardiovascular y pautará el tratamiento de la tensión arterial y seguimiento correspondiente.

Actualmente existe un gran arsenal terapéutico, con distintos tipos de medicación para el control de la TA, que su médico le indicará según sus necesidades y además le aconsejará una dieta pobre en sal, un correcto mantenimiento del peso o tratar la obesidad si la hubiere, la retirada del tabaco y la disminución o ausencia de ingesta de alcohol en la dieta, el ejercicio físico o el control del estrés, entre otras indicaciones, y siempre dependiendo de cada caso, pues cada paciente es único y el abordaje del tratamiento debe estar personalizado.

El objetivo para evitar cualquier tipo de enfermedad cardiovascular es mantener una PA arterial menor de 140/90 mmHg para todo tipo de pacientes y, si el tratamiento es bien tolerado, intentar mantenerla por debajo de 130/80 mmHg, aunque para mayores de 65 años el objetivo se encuentra entre 130-140 mmHg de PAS y menos de 80 mmHg de PAD en pacientes tratados; y para los mayores de 80 años se considera que la PAS debe estar por debajo de 160 y la PAD menor de 90 mmHg (4). En ambos grupos la PAS no debe ser menor de 130 mmHg dado el riesgo de eventos adversos, como hipotensión ortostática (bajadas bruscas de PA al incorporarse), que puede llevar a caídas bruscas, síncopes, etc. En pacientes diabéticos, la PA debe mantenerse por debajo de 130/80 mmHg si se tolera el tratamiento. En pacientes mayores de 65 años en que se suma la HTA y la diabetes, el objetivo es similar a los no diabéticos, teniendo la precaución de que la PAS no sea menor de 120 mmHg y con controles frecuentes de las mismas ya que el mantenimiento de estas bajas tensiones puede suponer un incremento del riesgo de complicaciones cardiovasculares graves (4).

La HTA es el factor de riesgo modificable más importante para evitar el riesgo de ictus. Se ha demostrado que el control de la HTA se asocia a reducción del riesgo cardiovascular y, por tanto, del riesgo de ictus, sobre todo cuando la HTA es tratada y corregida precozmente antes de que produzca daño en los distintos órganos diana, como corazón, riñón, cerebro y retina. En distintos estudios se ha observado que la disminución de 10-12 mmHg de la PAS y de 5-6 mmHg de la PAD está asociada a una reducción del 38 % en la incidencia de ictus y se ha comprobado una reducción del 36 % de ictus a lo largo de cinco años en individuos mayores de 65 años en que se trató la PAS sistólica aislada.

Con todo lo anteriormente expuesto, el atento lector habrá comprendido la necesidad de controlarse la PA a lo largo de su vida. No hay que esperar a edades avanzadas, pues también los jóvenes pueden sufrirla y el tiempo de evolución de una HTA mantenida y no controlada corre a favor de presentar complicaciones cerebrales, cardiovasculares o renales severas. Cuando se establece el diagnóstico de HTA, es necesario mantener su estricto control y para ello practicar una adecuada adhesión a los distintos tratamientos y seguimientos que su médico le indicará.

1.4. Diabetes *mellitus* e ictus: ¿debo controlar el azúcar?

La diabetes *mellitus* (DM) es una enfermedad crónica que afecta al metabolismo de los hidratos de carbono, principalmente la glucosa, las grasas y las proteínas, caracterizada por un aumento de la glucosa en sangre (hiperglucemia) crónica, y que se debe básicamente a un defecto en la secreción de insulina o un trastorno en su acción a nivel de distintos órganos o músculos, conocida como resistencia a la insulina.

Existen dos tipos de diabetes: la diabetes tipo 1, que aparece en la infancia, adolescencia o juventud, y la diabetes tipo 2, que es la más frecuente y afecta sobre todo a adultos de edades medias o avanzadas.

La diabetes tipo 1 es debida a un déficit en la secreción de insulina por el páncreas, requiere desde un principio tratamiento con insulina. Es frecuente que a lo largo de la vida del paciente produzca complicaciones cardiovasculares, como el ictus, enfermedad renal (insuficiencia renal), afectación de la retina (retinopatía diabética) o de los nervios periféricos (polineuropatía diabética), úlceras dérmicas diabéticas u otras complicaciones. Tiene una actividad patológica sobre los vasos sanguíneos muy similar a la que ocurre con la diabetes tipo 2 y que tratamos más adelante.

La diabetes tipo 2 o del adulto afecta a unos 170 millones de personas en el mundo y se aprecia un incremento progresivo en todas las poblaciones, esperándose más de 360 millones de pacientes en 2030. En España la prevalencia de este tipo de diabetes es del 10 % de la población entre 30 a 89 años, con un importante número de casos no diagnosticados, lo que aumentaría tanto la incidencia como su prevalencia. La incidencia de este tipo de diabetes aumenta con la edad, especialmente por encima de los 45 años, y suele asociarse a incremento de la masa corporal u obesidad, HTA y trastorno en el metabolismo de los lípidos, lo que en su conjunto aumenta el riesgo de enfermedad cardiovascular y, por tanto, de ictus. En este tipo de diabetes existe desde el principio una resistencia a la insulina, es decir las células corporales no responden correctamente a la insulina para la captación de la glucosa, lo que produce un aumento de la secreción de insulina para mejorar esa respuesta. A lo largo de los años va disminuyendo la producción compensadora de insulina y se produce un aumento de la glucosa en sangre. Las complicaciones a largo plazo de la diabetes tipo 2 son similares a las del tipo 1, y entre ellas apuntamos de nuevo las enfermedades cardiovasculares como el ictus.

La diabetes es una enfermedad con un fuerte impacto sociosanitario dada su alta incidencia y prevalencia en la población general y la importante carga de complicaciones que produce a lo largo de su evolución, lo que supone una alta tasa de cronicidad tanto por el control y el tratamiento de la propia diabetes como por sus complicaciones. La diabetes en España es la tercera causa de muerte en las mujeres y la séptima en los hombres.

Los síntomas de la diabetes tipo 2 pueden manifestarse como: abundante diuresis (poliuria), sed constante con abundante ingesta de líquidos (polidipsia) y pérdida de peso inexplicada a pesar a veces de un incremento de la ingesta de alimentos (polifagia).

Estos síntomas aparecen en pacientes con altos niveles de glucosa, o en situación de descompensación diabética. La mayoría de los casos, especialmente en el adulto, la sintomatología es inexistente o muy escasa y la diabetes se descubre al realizar una analítica de sangre donde se haya solicitado unos niveles de glucosas con motivo de un chequeo o por otra razón.

Su médico le diagnosticará de diabetes tipo 2 si encuentra una glucemia (glucosa en sangre) —en ayunas de al menos 8 horas— mayor de 126 mg/dl o bien solicitando la Hemoglobina glicosilada (Hb A 1c: mide el nivel promedio de glucosa en la sangre de los últimos tres meses) por encima del 6,5 %. A veces puede asegurar el diagnóstico con una prueba de sobrecarga oral de glucosa y será indicativo de diagnóstico de diabetes si la glucemia es superior a 200 mg/dl. También podrán diagnosticarle de diabetes si se encuentra una glucemia, no necesariamente en ayunas, superior a 200 mg/dl y presenta síntomas de diabetes como los antes señalados. Existe una situación intermedia que se define como *glucemia basal alterada,* que es cuando nos encontramos con una glucosa en sangre en ayunas por encima de 110 mg/dl, pero menor de 126 mg/dl; algunos clínicos consideran esta situación como prediabetes o intolerancia basal a la glucosa y consideran necesario su tratamiento y su seguimiento ante la alta posibilidad de desarrollar una diabetes tipo 2 establecida a lo largo del tiempo.

La diabetes tipo 2, al igual que la tipo 1, afecta a cualquier tipo de vasos sanguíneos, entre los que se encuentran los vasos cerebrales de distinto tamaño, como la denominada circulación de pequeño vaso, que son arteriolas y capilares que penetran en el tejido cerebral, que irrigan las partes más profundas del cerebro produciendo cambios arterioescleróticos (microangiopatía ateroesclerótica) en la pared de estos vasos, lo que inducen a la formación de trombos que obstruyen su luz e impiden la circulación sanguínea, llevando a una isquemia del tejido cerebral, lo que puede dar lugar a un ictus isquémico. Este tipo de diabetes se asocia frecuentemente a HTA y la acción sinérgica de ambas patologías aumentan hasta cuatro veces el riesgo de sufrir un ictus.

Por otra parte, la diabetes tipo 2, junto a la HTA, son las principales causas de la enfermedad de pequeño vaso cerebral que producen ictus de distinto tipo, entre ellos los conocidos como *ictus lacunares* y su extensión con múltiples focos isquémicos. Esta isquemia difusa puede llegar a producir deterioro cognitivo y desembocar en una demencia vascular, como veremos más adelante. El tratamiento consistirá en las posibles dietas alimenticias a seguir, especialmente la dieta mediterránea, con control de ingesta de hidratos de carbono, utilización de fármacos antidiabéticos orales, como la metformina, que es la más utilizada y de primera línea, u otros de distinto tipo, según la respuesta en cada paciente. Solo en determinados casos puede requerirse la utilización de insulina subcutánea. También su médico le recomendará cambios en su estilo de vida para reducir el sobrepeso o la obesidad si existiera, evitar el sedentarismo con un programa de ejercicios y deporte y tratará otros factores de riesgo como la hipertensión, el aumento del colesterol, el tabaquismo o el exceso en la ingesta de alcohol y otros. Todas estas medidas se indican con el objetivo de mantener una glucemia basal entre 80-130 mg/dl o pospandrial (a las 2 horas tras el inicio de la ingesta) menor de 180 mg/ dl y una HbA1c menor del 7 %, y así evitar a largo plazo el desarrollo de las complicaciones de la diabetes sobre los distintos órganos diana antes indicados.

Por todo ello, es clave en la prevención del ictus el control de la diabetes y existen estudios que demuestran que el mantenimiento de una HbA1c menor del 7 % desde el diagnóstico inicial de la diabetes, disminuye la enfermedad vascular y el riesgo de ictus. El ejercicio aeróbico y de fuerza y otras intervenciones en el estilo de vida reducen de forma significativa el riesgo vascular en su conjunto, y la mortalidad a largo plazo. También está indicado en pacientes diabéticos mantener la TA por debajo de 130/80 mm/ Hg, pues se ha demostrado un claro beneficio en la prevención primaria del ictus. Existen evidencias de que el tratamiento con estatinas (fármacos que disminuyen el colesterol y otros lípidos en sangre) es beneficioso en pacientes diabéticos con otros factores de riesgo vascular orientado en sentido preventivo (3, 4, 5).

Si se padece diabetes *mellitus* es imprescindible un seguimiento continuado, con los controles que le indique su médico y ser constante en la adherencia a las distintas actuaciones terapéuticas, con el objetivo de su control y para evitar complicaciones como el ictus.

1.5. Dislipemias: ¿Debo controlar el colesterol y otros lípidos?

Los lípidos o grasas y las proteínas que los transportan a los tejidos y a las células son esenciales para la producción de energía, la formación de diferentes estructuras lipídicas en tejidos y células, el sintetizar hormonas y la producción de ácidos biliares esenciales para la digestión. Están compuesto por colesterol, triglicéridos, fosfolípidos y estructuras proteicas que los transportan desde la sangre a los diferentes tejidos y los receptores celulares. Estas proteínas, llamadas lipoproteínas, de las cuales hay seis tipos, siendo las más utilizadas en la práctica clínica, por su especial interés como marcadores de riesgo, son las cHDL (colesterol unido a lipoproteínas de alta densidad) y las cLDL (colesterol unido a lipoproteínas de baja densidad).

La ateroesclerosis, que lleva a la producción de las placas de ateroma que afectan a las paredes de las arterias y que es la base de la producción de trombos en dichas paredes, es un proceso derivado del paso de las cLDL y otras lipoproteínas más pequeñas ricas en triglicéridos, que atraviesan el endotelio vascular, sobre todo si hay alteración endotelial por otras causas, como pude ser la HTA o la diabetes. Estas lipoproteínas se quedan atrapadas, depositadas en la pared arterial, y generan un proceso complejo que lleva a la formación de las placas de ateroma pudiendo afectar a cualquier trayecto arterial del organismo a lo largo del tiempo.

Cuando la placa de ateroma de una arteria llega a un punto crítico, se produce su rotura, con un proceso inflamatorio asociado que provoca la adhesión de las plaquetas a dicha placa y la consecuente formación de un trombo adherido a la pared del vaso que, con su crecimiento, llegará a obstruir su luz, con la consiguiente interrupción del flujo sanguíneo distal a esta obstrucción, produciéndose una isquemia en el tejido que irriga ese vaso arterial, pudiendo afectar al corazón, al cerebro, a otros órganos y a las piernas, mostrándose como un infarto de miocardio, una angina de pecho, un ictus, una isquemia de las piernas u otras patologías vasculares con diferentes localizaciones.

Las cLDL plasmáticas, conocidas como «colesterol malo», indican la cantidad de colesterol transportado por esta lipoproteína, y diversos estudios epidemiológicos han demostrado una relación lineal —y a lo largo del tiempo— entre los niveles plasmáticos de esta lipoproteína y el riesgo de sufrir una enfermedad vascular ateroesclerótica, especialmente si se asocia a otros factores de riesgo vascular.

Las cHDL plasmáticas, conocido como «colesterol bueno», parecen contrarrestar el efecto deletéreo en la formación de la placa de ateroma, pero su mecanismo de acción no está totalmente aclarado en la actualidad y se sabe que existe una relación inversa entre su concentración plasmática y el desarrollo de enfermedad cardiovascular, pues el cHDL elevado se relaciona con una regresión de la ateroesclerosis, es decir, tiene un cierto efecto protector contra esta.

El colesterol total en sangre es un indicador importante del riego cardiovascular y se utiliza en las escalas de medición de dicho riesgo como la SCORE. Actualmente, más del 50 % de la población española tiene hipercolesterolemia (colesterol alto en sangre) y una gran parte de los sujetos no han sido detectados, lo que supone, en estos casos, un desconocimiento del riesgo y una pérdida de oportunidad en su detección y tratamiento. En estudios en asiáticos se ha comprobado que cada 39 mg/dl sobre los valores normales, se incrementa un 25 % el riesgo de ictus. Un incremento similar del riesgo se ha encontrado en mujeres norteamericanas con edades comprendidas entre los 30 a 54 años.

Según las guías clínicas actuales (6, 7, 8), los niveles de estos lípidos en sangre deben ser para el colesterol total (CT): 100-200 mg/dl y para la cLDL: óptimo, menos de 100 mg/dl; deseable, menos de 130 mg/dl, y alto, más de 160 mg/dl. Se considera hipercolesterolemia definida cuando el CT es mayor de 250 mg/dl, y/o la cLDL es mayor de 130 mg/dl. Los triglicéridos deben encontrarse por debajo de 150 mg/dl y se considera hipertrigliceridemia definida si es mayor de 200 mg/dl. Las cHDL deben estar por encima de los 50 mg/dl para mantener su efecto protector.

Estos datos analíticos se relacionan entre sí para determinar si existe o no dislipemia y, si es el caso, determinar su potencial aterogénico (capacidad de producir ateroesclerosis) asociado con otros factores de riesgo, como la HTA, diabetes, tabaquismo, antecedentes personales o familiares de enfermedad cardiovascular. Como anteriormente indicamos, sobre la base de las escalas que utilizan las distintas guías y que determinan el riesgo cardiovascular total, donde se incluyen el colesterol y cLDL, clasificando el riesgo en muy alto, alto, moderado y bajo, se cimentan las distintas estrategias en función de la categoría de dicho riesgo, que se volcaran en sucesivas recomendaciones terapéuticas, con distintas clases y niveles de evidencia.

La mayoría de las dislipemias se deben a factores externos, como la dieta, y solo en algunos casos poco frecuentes existe una base genética que determina las alteraciones metabólicas de la dislipemia, como sucede en el hipercolesterolemia familiar con alto poder aterogénico y que requiere un seguimiento clínico y control muy estricto de los lípidos. Su médico valorará su situación de riesgo cardiovascular total y le indicará cambios en la dieta y en el estilo de vida, asociado, o no, a tratamiento farmacológico según necesidades, así como insistirá en el control de los otros factores de riesgo cardiovascular antes indicados y que es clave en un enfoque holístico en la prevención de las enfermedades vasculares.

En este contexto, los cambios de estilo de vida se refieren básicamente a la nutrición y el ejercicio físico. La dieta debe ser saludable, con bajo contenido en grasas saturadas y rica en productos integrales, verduras, fruta y pescado, sobre todo azul. Las recomendaciones dietéticas se desarrollan en un próximo apartado sobre dieta e ictus.

Debe realizarse actividad física entre 3, 5 y 7 horas a la semana, moderadamente intensa, o de 30-60 minutos la mayoría de los días. La dieta y el ejercicio ayudarán a controlar el peso corporal manteniendo un Índice de Masa Corporal (IMC) entre 20-25, un perímetro de cintura menor de 94 cm en hombres y de 80 cm en mujeres.

Respecto al control propio de la dislipemia, como otra diana terapéutica más, las cLDL deben estar por debajo de 55 mg/dl cuando el riesgo cardiovascular es muy alto; en caso de riesgo vascular alto, menos de 70 mg/dl; en riesgo moderado, menos de 100 mg/dl, y para un riesgo cardiovascular bajo, menos de 116 mg/dl. Las cifras de colesterol total deben encontrarse por debajo de 200 mg/dl. En cuanto a los triglicéridos deben ser menores de 150 mg/dl. Las cHDL deben ser superiores a 50 mg/dl para mantener su efecto protector, aunque no hay un claro objetivo a alcanzar en estos dos parámetros. Actualmente se sabe que el control de la dislipemia puede llevar a una regresión de la placa ateromatosa ya formada.

En todos los casos la TA debe ser menor de 140/90, y en pacientes que asocian diabetes debe estar por debajo de 130/80. Así mismo los pacientes diabéticos deben controlarse la glucemia y mantener la HbA1c por debajo del 7 %. También es importante evitar el tabaco o su exposición a él por la probable acción sinérgica sumatoria con la dislipemia y los otros factores de riesgo vascular.

En muchas ocasiones, el cambio de dieta y de estilo de vida con incremento del ejercicio no es suficiente para controlar la dislipemia, necesitándose un tratamiento farmacológico que habitualmente se iniciará con estatinas, o bien, y según el caso, con otros fármacos hipolipemiantes como la ezetimiba, fibratos, niacina, u otros, hasta conseguir unas cifras adecuadas al riesgo vascular de cada paciente.

En diferentes estudios se ha observado que las estatinas son útiles para disminuir los niveles de colesterol total y cLDL, siendo eficaces en la prevención primaria del ictus. Tanto en prevención primaria como secundaria, las estatinas reducen un 17 % el riesgo de ictus por cada 39 mg/dl (1mmol/l) de descenso de cLDL y reduce un 28 % otros eventos vasculares. Son útiles en la prevención primaria de ictus en pacientes con diabetes o riesgo cardiovascular alto. Distintas aportaciones muestran que las estatinas, además de disminuir el colesterol total y la cLDL, mejoran la función endotelial, impiden el desarrollo de la placa de ateroma con efecto antitrombótico y antiinflamatorio. También se ha mostrado que las estatinas pueden producir una regresión de las placas de ateroma.

Hemos tratado de resumir, para comprensión de nuestros lectores, los complejos procesos que relacionan el metabolismo de los lípidos, sus concentraciones en sangre y su capacidad aterogénica cuando sus niveles se encuentran alterados, y también hemos expuesto los medios para el control metabólico e impedir su efecto deletéreo sobre los vasos sanguíneos y, a la larga, la prevención de los ictus, el infarto de miocardio y otras enfermedades vasculares.

Como antes señalábamos, solo su médico podrá valorar y clasificar el nivel de riesgo vascular aterogénico que usted tiene y proponerle una estrategia para invertir ese nivel de riesgo, con el objetivo de prevenir, a lo largo del tiempo, eventos vasculares más o menos graves, entre los que se encuentra el ictus. Con esto se protege al cerebro de una de sus patologías más frecuentes y devastadoras por su mortalidad y secuelas.

Para que toda esta estrategia de salud sea eficaz, es imprescindible la colaboración del paciente en cuanto a la adherencia terapéutica, la implicación en sus cambios de estilo de vida, si fueran necesarios, y en el control de otros factores de riesgo vasculares modificables si los hubiere.

1.6. Enfermedades cardíacas que pueden producir un ictus

Hay una gran relación entre el cerebro y el corazón que siempre llamó la atención de estudiosos y del público en general. El ejemplo más claro es que cuando existe una emoción intensa, el corazón se acelera, notamos cómo aumentan los latidos del corazón y se incrementa la tensión arterial, o a la inversa, cuando estamos relajados el corazón va lento, no lo notamos y desciende la tensión arterial. El corazón está regulado por una estructura del sistema nervioso conocido como sistema nervioso autónomo (SNA), con dos partes: el SNA simpático y el SNA parasimpático. Este SNA se encuentra en los ganglios de la base del cerebro, tronco cerebral y médula espinal, y se relaciona dentro del cerebro con el sistema límbico, amígdala y algunas áreas de la corteza cerebral. Emociones de distinto tipo que estimulan el sistema límbico, activan el SNA simpático y este, a través de determinados nervios que llegan hasta el corazón, produce aumento de los latidos cardíacos que, cuando es intenso, lo notamos en el pecho, «se nos acelera el corazón». A su vez, y en esta situación, el corazón manda más sangre al cerebro para aumentar su capacidad metabólica, que requiere esta alerta emotiva y nos prepara para la acción, incrementando también el flujo sanguíneo muscular, como sucede en situaciones de miedo o de ira, emociones que nos pueden llevar a la huida o a la defensa.

El estrés agudo o crónico aumenta, a través de la estimulación del SNA simpático y de otras vías, la frecuencia cardíaca y la tensión arterial, lo que en las formas crónicas del estrés puede llevar a una frecuencia cardíaca elevada y a desarrollar HTA. Vemos aquí cómo existe una vía fisiológica establecida que explica cómo la tensión psíquica acumulada, como sucede en situaciones de estrés crónico, puede afectar a la presión arterial y por tanto a la larga al propio corazón.

Por otra parte, las situaciones de tranquilidad, placer y bienestar estimulan el SNA parasimpático, el cual reduce la frecuencia cardíaca y tensión arterial que, a su vez, inducen una inhibición de los mecanismos del estrés.

Un corazón enfermo puede influir de múltiples maneras sobre la salud del cerebro y a la inversa. Existen un grupo de enfermedades cardíacas o cardiopatías que pueden producir ictus por distintos mecanismos. Lo más frecuente es que el corazón enfermo produzca en sus cavidades y paredes, especialmente en las aurículas, trombos (coágulos de sangre) de distinto tamaño, que pueden desprenderse de dichas cavidades produciendo un émbolo (cardiopatías embolígenas) que emigre a través de la circulación sanguínea por las arterias que van al cerebro y, ya dentro de él, el émbolo obstruya una arteria de mayor o menor tamaño, según su diámetro, con la consiguiente isquemia del tejido cerebral distal a la arteria obstruida.

Las cardiopatías embolígenas o cardioembólicas son de distinto tipo, y representan la segunda causa de ictus. Los pacientes con ictus cardioembólicos tienen un mayor riesgo de muerte y otros eventos vasculares a largo plazo. Las más frecuentes son: la fibrilación auricular (FA), las valvulopatías (lesiones de las válvulas cardíacas) mitral o aórtica de distinto tipo, capaces de producir émbolos y que se acompañan, o no, de FA, la cardiopatía isquémica (infarto de miocardio), las cardiomiopatías que son enfermedades propias del músculo cardíaco, el foramen oval permeable que comunica ambas aurículas, o comunicaciones entre los ventrículos cardíacos de tipo congénito.

Las cardiopatías producen en sí mismas una serie de síntomas en los que no vamos a entrar, y el médico o el cardiólogo utilizara distintas pruebas para emitir un diagnóstico, pronóstico y tratamiento. Las cardiopatías pueden aparecer en cualquier edad de la vida, siendo unas más características que otras en sus distintas etapas, pero muchas de ellas pueden ser el origen de trombos que afecten al cerebro de niños, adolescentes o adultos jóvenes, y no solo ceñirse a edades avanzadas.

La cardiopatía embolígena más frecuente es la FA no valvular (no asociada a lesiones de las válvulas mitral o aórtica localizadas en el corazón), que afecta a más de un 6 % de mayores de 65 años y al 12 % de los mayores de 85 años. Uno de cada seis ictus ocurre en pacientes con FA, y esta es la causante de la mitad de los ictus cardioembólicos, incrementando de tres a cinco veces el riesgo de sufrir un ictus. Si la FA se asocia a valvulopatía reumática, el riesgo de ictus es diecisiete veces más que en sujetos sanos.

La FA no valvular es una arritmia que afecta a la movilidad de las aurículas cardíacas, impidiendo su actividad normal de dilatación y contracción, lo que lleva a una estasis sanguínea con una predisposición para que se formen trombos en su paredes y cavidades. Una vez diagnosticada la FA debe cuantificarse su potencial embolígeno. Para ello existen escalas que valoran su pronóstico, según se asocie o no a otros factores de riesgo vascular, como la edad, el sexo, la HTA, la diabetes, el fallo cardíaco y los antecedentes de ictus u otra enfermedad vascular. Estos datos se valoran con puntuaciones y su sumatorio indicará la necesidad o no de tratamiento, que deberá realizarse con fármacos anticoagulantes, para evitar la formación de trombos en la aurícula y su emigración al cerebro u otros órganos. Así mismo, existen escalas que indican la conveniencia o no de estos tratamientos farmacológicos según las probabilidades de sangrados graves producidos por los anticoagulantes. El anticoagulante más utilizado actualmente es la warfarina (conocido como Sintrom) que requiere unos controles cerrados para su correcta dosificación preventiva que impida la formación de coágulos y también evitar sangrados más o menos graves. Actualmente se está sustituyendo progresivamente por los nuevos anticoagulantes orales, llamados anticoagulantes directos, con una eficacia similar al Sintrom, pero con menos complicaciones hemorrágicas, y además no requieren controles analíticos para su dosificación. En estos pacientes también es importante tratar otras comorbilidades que empeoran el pronóstico de la FA, como la HTA, la obesidad, controlar la diabetes si existe, cambios de estilos de vida, especialmente el consumo de tabaco, el exceso de alcohol, o tratar la apnea obstructiva del sueño si existe en grandes roncadores, así como potenciar la actividad física moderada, pero no los deportes de resistencia excesiva (2).

Otras cardiopatías embolígenas como las valvulopatías cardíacas, infartos de miocardio, cardiomiopatías y otras, deben ser correctamente evaluadas, hacer un seguimiento cardiológico correcto aplicando las terapias a cada caso concreto, tanto para su propio control como para evitar su capacidad para producir trombos, y así proteger el cerebro de posibles ictus o émbolos que afecten a otros órganos.

Es por tanto clave en la protección de nuestro cerebro el diagnóstico precoz de posibles cardiopatías. Con un sencillo electrocardiograma puede diagnosticarse precozmente una FA, que, con frecuencia, especialmente en personas mayores, no suele dar síntomas y que con un tratamiento anticoagulante podrían evitarse patologías como el ictus cardioembólico, entre otras.

1.7. Enfermedad de la arteria aorta y de las arterias carótidas

La sangre que sale del corazón circula por la arteria aorta, cuyo primer tramo se llama arco aórtico, del que salen las cuatro arterias que irrigan el cerebro, que son las carótidas, una a cada lado del cuello, y las dos arterias vertebrales que van dentro de la estructura ósea de la columna cervical hasta su entrada al cerebro.

El arco aórtico puede presentar ateroesclerosis, que puede complicarse con trombos en la pared arterial que, al desprenderse, pueden emigrar por las arterias carótidas y llegar al cerebro. Del mismo modo, las arterias carótidas que presentan enfermedad ateroesclerótica y afecta principalmente a la zona de su bifurcación (cuando la carótida se divide en carótida interna, que es la que va directamente la cerebro y carótida externa, que se dirige a la cara y sus estructuras profundas) es donde se producen las placas de ateroma, con la consecuente instalación de trombos adheridos a la pared arterial que, al soltarse, emigran al cerebro a través de la circulación carotídea interna. A menudo estas placas se complican y pueden llegar a producir una estenosis (estrechamiento) más o menos crítica, hasta disminuir el flujo sanguíneo que va al cerebro, incluso pueden llegar a obstruirlo cuando existe una oclusión completa de la luz arterial con el consiguiente infarto cerebral.

El diagnóstico de estas patologías se realiza mediante técnicas de imagen, como el eco-Doppler carotídeo, la angiografía TC o la angiografía RM, que permiten la visualización de las placas de ateroma y el grado de estenosis que producen. Estas técnicas son complejas, se realizan en hospitales y son solicitadas por determinados especialistas con el objetivo de un diagnóstico preciso de las causas del ictus.

Actualmente se considera que la vigilancia de las placas carotídeas mediante técnica no invasiva, como el eco-Doppler de carótidas o de las arterias femorales, pueden ser un buen indicador del riesgo o del grado de arterioesclerosis. Esta vigilancia se debería realizar en todos los individuos con alto riesgo vascular, con seguimiento continuado para detectar precozmente la aparición de placas ateromatosas y estenosis. Es un dato fácil de obtener y sirve de marcador de daño orgánico en la HTA.

Una forma frecuente de enfermedad de las arterias carótidas es la estenosis carotídea asintomática (ECA), que en muchas ocasiones es un hallazgo fortuito o incidental, pues puede no manifestar ninguna clínica, o bien, se diagnostica en pacientes de alto riesgo vascular, a los que se le solicita una prueba confirmatoria. Estas ECA, que aumenta el riesgo de AIT (Accidente Isquémico Transitorio), de ictus, de ictus silente (lesiones cerebrales isquémicas que no dan clínica) o microembolias cerebrales, están presentes en menos del 0,5 % de la población menor de 50 años, pero se va incrementando, hasta ser mayor del 10 % en personas mayores de 80 años.

La ECA debe ser tratada médicamente con antiagregantes plaquetarios, como el ácido acetilsalicílico y una estatina, con un seguimiento por técnicas como el Doppler carotídeo en estenosis por encima del 50 %, para valorar la progresión o regresión de la estenosis en respuesta al tratamiento. Se ha comprobado que en seguimiento de pacientes con ECA mayor del 50 % durante 15 años, el 15 % de los que la presentan sufren un ictus. Si el tratamiento no es eficaz o en casos de estenosis superiores al 70 % puede plantearse tratamiento quirúrgico de la arteria afectada.

Por todo ello, es recomendable plantearse el diagnóstico y seguimiento de la enfermedad carotídea y aórtica, especialmente en pacientes con múltiples factores de riesgo, o aquellos que muestren un riesgo cardiovascular moderado o alto, pues se evitarían un importante número de ictus.

1.8. Tabaquismo e ictus

El tabaco es un importante factor de riesgo implicado en la patogénesis de la enfermedad cardiovascular y el cáncer. Es conocido como un factor de riesgo mayor y modificable para enfermedad coronaria, ictus, enfermedad arterial periférica y distintos tipos de cáncer, principalmente de pulmón y laringe. Las personas fumadoras tienen el doble de riesgo de sufrir un ictus isquémico que las no fumadoras. También hay evidencias de sus efectos perjudiciales en los fumadores pasivos.

Existe un amplio consumo de tabaco, con una prevalencia total de un 20-35 % de población fumadora en distintas regiones y grupos de edad en Europa. En España, según la encuesta Europea de Salud del 2020, un 23,3 % de los hombres y un 16,4 % de las mujeres son fumadores diarios, el 27,6 % de los hombres y el 16,7 % de las mujeres son exfumadores. Casi la mitad de los fumadores son menores de 30 años y, aunque desde la ley del tabaco se ha producido una clara disminución de su consumo, hay datos preocupantes de su aumento en adolescentes, especialmente en mujeres.

Se conocen distintos mecanismos del efecto perjudicial del tabaco: reduce la capacidad de liberación de oxígeno desde la sangre e incrementa su coagulabilidad; puede producir arritmias cardíacas, especialmente la fibrilación auricular; reduce el colesterol HDL que, como antes veíamos, es un protector de arterioesclerosis; induce espasmo arterial; se ha comprobado que incrementa el grosor de la placa aterotrombótica carotídea, además puede dañar las paredes de los pequeños vasos cerebrales, lo que incrementa el riesgo de hemorragia cerebral o enfermedad de pequeño vaso cerebral.

Junto con la hipertensión arterial, el tabaquismo es el mayor factor de riesgo que contribuye a la génesis de la enfermedad cardiovascular, y se ha comprobado que es dosis dependiente, incrementándose el riesgo de ictus isquémico hasta casi cuatro veces más en fumadores por encima de los 20 cigarrillos al día (7, 8).

La abstinencia de tabaco es probablemente la medida preventiva, dentro de los cambios de estilo de vida, más eficaz para prevenir las enfermedades vasculares y determinados cánceres. Se ha calculado que el riesgo de ictus se reduce a la mitad al año del abandono del tabaco y que a los cinco años el riesgo de un exfumador es igual a un no fumador (8). Incluso para grandes fumadores (más de 20 cigarrillos/día), la deshabituación disminuye el riesgo de enfermedad cardiovascular a los cinco años, además de la ganancia en salud no cardiovascular (2).

Por otra parte, la utilización de cigarrillos electrónicos, debido a su contenido en nicotina, también se asocia con mayor riesgo de enfermedades vasculares, aunque parece que con un menor riesgo. Aún no hay evidencias concluyentes, pero es posible que otros componentes que acompañan al cigarrillo electrónico sean perjudiciales para la salud cardiovascular y respiratoria. Además, los cigarrillos electrónicos, en los vapores que producen, pueden contener sustancias potencialmente nocivas, como compuestos orgánicos volátiles, agentes que causan cáncer o metales pesados como plomo u otros. Por estos motivos, los servicios de salud europeos y americanos no los han aprobado como ayuda para dejar de fumar.

El tratamiento psicoterápico de apoyo conductual individualizado y ciertos fármacos, como el bupropion, los parches u otras formas de administración de nicotina, la vareniclina u otros, pueden ayudar al abandono del tabaco. Recientemente se ha aprobado en España la utilización de la citisina, un fármaco de origen vegetal que está específicamente indicada para ayudar a dejar el tabaco, reduciendo los síntomas de abstinencia de la nicotina y disminuyendo la sensación de placer que el tabaco produce en el fumador.

El tabaco es un factor de riesgo cardiovascular y de distintos cánceres muy importante y claramente modificable, por lo que toda ayuda, especialmente la de los profesionales sanitaros, dirigida al proceso de deshabituación debe ser considerada

La adolescencia es la fase de la vida más vulnerable para iniciarse en la adicción al tabaco, con sus consecuencias a lo largo de toda ella. Los programas de prevención dirigidos a esas edades tempranas son necesarios para reducir o eliminar su consumo, debiendo realizarse con objetivos claros y mantenidos a lo largo del tiempo con importantes restricciones a todo lo que sea publicidad, promoción y patrocinios por la industria tabaquera y potenciando los programas de prevención a nivel de toda la UE (2).

1.9. Alcohol e ictus

El consumo de alcohol es un factor de riesgo vascular independiente de otros factores de riesgo y para todo tipo de ictus, sobre todo con consumos superiores a 60 g de alcohol/día. La cantidad ingerida de alcohol tiene una relación lineal con un incremento de la frecuencia de ictus y otras enfermedades cardiovasculares, además aumenta la TA, descompensa la diabetes, incrementa los niveles de triglicéridos, puede inducir arritmias cardíacas, produce daño hepático o en otros órganos y se relaciona de manera clara con el cáncer, especialmente del tubo digestivo. El consumo excesivo de alcohol se asocia más a hemorragia intracerebral que a ictus isquémico. Además, en casos de alcoholismo severo, pueden producirse trastornos neuropsiquiátricos y deterioro cognitivo, pudiendo llegar a desarrollar una demencia alcohólica.

Hay datos que indican que un consumo moderado de vino tinto entre 12-24 g/día (en términos de gramos de alcohol) parece relacionarse con un menor riesgo de ictus que en los abstemios, y también tendría cierto grado de protección sobre la cardiopatía isquémica. El vino tinto posee productos antioxidantes, como los polifenoles, que actúan protegiendo el endotelio vascular, tiene efectos antiinflamatorios, disminuye las cLDL y mejora la resistencia a la insulina. Parece que estos serían los mecanismos básicos de su beneficio en cantidades moderadas, aunque recientemente y con investigaciones en curso se está poniendo en duda su efecto beneficioso, incluso en consumos bajos.

Actualmente, el consejo general es reducir al máximo el consumo de alcohol, que debería estar por debajo de 30 g (bajo riesgo) al día, y preferiblemente vino tinto para reducir la dependencia alcohólica y todos los efectos deletéreos vasculares y orgánicos (7, 8). La guía de la ESC es todavía más restrictiva, considerando como segura una dosis de alcohol semanal de hasta 100 g y que el consumo por encima de esta cantidad disminuye la esperanza de vida tanto para los hombres como para las mujeres (2).

Recientemente y basado en estudios de bases de datos, revisiones sistemáticas, estudios aislados abalados por distintas sociedades científicas, instituciones gubernativas y grupos de análisis independientes, se indica que cuantitativamente no hay umbrales seguros para la cantidad de alcohol ingerida, ni se ha demostrado ningún efecto beneficioso incluso con cantidades bajas, por lo que se recomienda evitar en lo posible la ingesta de alcohol. (Para los interesados en este tema indicamos las referencias: https://www.semfyc.es/wpcontent/uploads/2017/09/POSICIONAMIENTO-ALCOHOL-Grupo-ESPS-semFYC.pdf. Límites de Consumo de Bajo Riesgo de Alcohol. Ministerio de Sanidad. Informes, estudios e investigación 2020).

2.0. Obesidad e ictus

Cuando el Índice de Masa Corporal (IMC = peso en kg/altura en metros al cuadrado) es superior a 25, se está en sobrepeso. La obesidad sería con un Índice de 30 o superior. Ambas situaciones se asocian a un incremento del riesgo de ictus y otras enfermedades cardiovasculares, aunque no se ha determinado si es un factor de riesgo independiente o si está relacionado con su asociación habitual a HTA, diabetes y dislipemia (*síndrome metabólico*). Hay evidencias de que la *obesidad central,* que se considera cuando la cintura abdominal es mayor de 102 cm en el hombre y 88 cm en las mujeres, está más relacionada con eventos vasculares e ictus que el índice de masa corporal.

Actualmente la obesidad es un gran problema de salud en el mundo desarrollado, pero también empieza a serlo en economías emergentes. En España se considera que un 18 % de la población masculina adulta es obesa, igual que un 17 % de la población femenina. El sobrepeso afecta al 44 % de los hombres y al 30 % de las mujeres, teniendo un cierto carácter «epidémico» dada su alta prevalencia en nuestra población.

Según la World Stroke Organization, el sobrepeso y la obesidad están asociados a 1 de cada 5 ictus. El sobrepeso aumentaría un 22 % el riesgo de ictus y la obesidad lo incrementaría hasta un 64 %. Esto está relacionado con el síndrome metabólico y, por tanto, forma parte de un conjunto de factores de riesgo vasculares, lo que en sí mismo aumenta el riesgo de ictus.

Las principales causas de la obesidad son la dieta inadecuada, con exceso de calorías y el sedentarismo, que se incrementan directamente entre sí, acentuando además los otros factores de riesgo vascular. La pérdida ponderal del 5-10 % del peso basal, mantenida en el tiempo, tiene efectos beneficiosos, pues disminuye el riesgo de enfermedades cardiovasculares entre ellas el ictus. La reducción de peso disminuye la tensión arterial, mejora el metabolismo de los hidratos de carbono y, por tanto, el control de una posible diabetes, también disminuye los niveles de colesterol (2).

La pérdida de peso se consigue con cambios en la dieta y otros hábitos de vida, como la actividad física y el ejercicio realizado correctamente. Existen algunos medicamentos aprobados en Europa, como coadyuvantes, en la pérdida ponderal, con efectos favorables sobre la PA y control de glucemia, pero con efectos secundarios, por lo que su administración siempre debe ser supervisado por especialistas sanitarios (2). En casos extremos de sobrepeso, como la obesidad mórbida, puede estar indicada la realización de determinados tipos de cirugía (cirugía bariátrica).

En un mundo medicalizado y farmacocentrista, sujeto a las redes sociales e informaciones falsas de determinados medios, guiados por distintos intereses, es imprescindible huir de las dietas milagrosas contra la obesidad sin ninguna base científica y muchas veces perjudiciales para la salud. Así mismo, hay que ser muy prudentes ante el consumo de productos antiobesidad, una verdadera avalancha de propuestas, la gran mayoría sin bases ni estudios científicos que los avalen.

En capítulos posteriores abordaremos los modelos de dieta y estilos de vida que favorecen el control de estos factores de riesgo, no solo desde el punto de vista de la prevención vascular, sino desde otras enfermedades neurológicas.

2.1. Anticonceptivos orales, terapias hormonales sustitutorias y riesgo de ictus

Se ha asociado la administración de anticonceptivos orales, con alto contenido en estrógenos, con un incremento del riesgo de ictus, sobre todo en mujeres con HTA, diabetes y fumadoras. Sin embargo, la relación directa entre anticonceptivos e ictus no está resuelta y existen revisiones sistemáticas de estudios de cohortes que no encuentran relación entre los anticonceptivos y el ictus, pero otras han encontrado cierto incremento del riesgo de ictus o de infarto de miocardio con el uso de estrógenos de segunda y tercera generación. En una revisión sistemática de la Cochrane realizada en 2015, se encontró que el riesgo de ictus o infarto de miocardio se incrementa hasta 1,6 veces en aquellas mujeres que toman anticonceptivos orales, sin clara relación con el tipo de anticonceptivos.

Actualmente se acepta que una mujer joven y sana, y que no tiene otros factores de riesgo vascular, el riesgo de ictus asociado a la toma de anticonceptivos no es relevante. Los anticonceptivos con bajo contenido en estrógenos y progestágenos han disminuido, aún más, el riesgo de sufrir un ictus. Por otra parte, en mujeres mayores de 35 años con antecedentes de migrañas, hipertensas, diabéticas, fumadoras y con enfermedad tromboembólica, el riesgo de ictus, u otra enfermedad vascular, se incrementa notablemente cuando se añaden anticonceptivos orales.

El tratamiento hormonal sustitutorio de la menopausia a base de estrógenos no ha mostrado reducción en la incidencia de ictus. En un estudio prospectivo en mujeres posmenopáusicas sanas, realizado en 2002 y tratadas con estrógenos y progestágenos, se encontró un incremento considerable de enfermedad coronaria, ictus, tromboembolismo pulmonar y cáncer, pero se observó una disminución significativa del cáncer de colon y fracturas de cadera.

La indicación de estos tratamientos debe realizarse con una valoración individual de cada una de las candidatas, teniendo en cuenta todos los factores de riesgo antes indicados y los antecedentes familiares de ictus u otra enfermedad cardiovascular.

2.2. Embarazo e ictus

El ictus es un cuadro poco frecuente en mujeres gestantes, pero sí existe un incremento de su incidencia durante todo el proceso del embarazo, el parto y el puerperio, cuando se compara con mujeres de la misma edad no embarazadas. Y en distintos estudios, la incidencia aportada es de 3,5 a 22 ictus por 100. 000 partos.

En un amplio y reciente estudio canadiense se encontró una incidencia de ictus de 13,4 casos por 100. 000 partos. Casi el 60 % fueron debidos a hemorragias cerebrales y el 30 % eran ictus isquémicos, y el resto otro tipo de enfermedad cerebrovascular.

La mortalidad fue alrededor del 7 % de todos los ictus, produciéndose los eventos especialmente en el parto y puerperio inmediato (más del 50 % de los casos), aunque pueden presentarse en cualquier periodo del embarazo.

Entre los factores de riesgo de ictus en las mujeres embarazadas, los dos más importantes son: la edad de gestación avanzada —desde los 35 años en adelante respecto a las mujeres entre 20 a 29 años— y la hipertensión arterial gestacional en mujeres previamente hipertensas y con síndrome metabólico. La preeclampsia y la eclampsia (cuadro clínico que se desarrolla durante el embarazo y que consta de hipertensión arterial, edemas, albuminuria y convulsiones) son también factores de riesgo para el ictus gestacional. Hay otros factores de riesgo a tener en cuenta: la existencia de cardiopatías previas, especialmente las congénitas y embolígenas, trastornos de la coagulación protrombóticos, la sepsis, la hemorragia posparto, las enfermedades del tejido conectivo, las malformaciones vasculares cerebrales, el tabaco, el alcohol y otras drogas (9).

El control de los factores de riesgo antes señalado durante el embarazo, realizado de forma sistemática en todas las mujeres y especialmente en aquellas con patologías previas, es fundamental para disminuir la incidencia del ictus en el embarazo. El 20 % de los casos de ictus en mujeres gestantes podría evitarse controlando estrictamente la hipertensión arterial durante el embarazo, lo que previene la preeclampsia y la eclampsia. También es importante el seguimiento y control de las enfermedades cardiovasculares o cardiológicas previas.

Unos programas preventivos de salud en la gestación que abarquen a todas las mujeres gestantes, que aporten un pronto diagnóstico y un manejo de los factores de riesgo que ponga en peligro la salud de la madre y su hijo pueden disminuir la incidencia y la mortalidad del ictus, así como sus posibles secuelas durante la gestación y el posparto.

2.3. Apnea de sueño e ictus

El 24 % de la población presenta apnea de sueño, que es la dificultad del paso del aire, por distintos motivos, a través de la faringe y la laringe durante el sueño, produciendo ronquidos severos, despertares frecuentes, somnolencia diurna, así como una disminución de la cantidad de oxígeno que transporta la sangre durante la noche. Este síndrome es producido por distintas causas y se ha asociado a un incremento del riesgo de ictus, cardiopatía isquémica, insuficiencia cardíaca y muerte súbita.

En un metaanálisis de cinco estudios, se observó un incremento del riesgo de ictus de casi tres veces en sujetos con apnea de sueño respecto a los que no la sufren, y además el incremento era proporcional a la intensidad de la apnea. También se encontró un aumento del infarto cerebral silente (infartos cerebrales que no han presentado clínica de ictus).

Los pacientes con apnea de sueño suelen asociar otros factores de riesgo vascular, como HTA, diabetes, fibrilación auricular, dislipemia y obesidad, lo que hace un efecto sumatorio de factores de riesgo vasculares para el desarrollo de enfermedad vascular de cualquier tipo. Se acepta que más del 70 % de pacientes con apnea del sueño no están diagnosticados.

Si sospecha que puede sufrir esta patología, debe acudir a su médico, que le indicará las medidas a seguir. Actualmente existen distintos tratamientos médicos o quirúrgicos de la apnea del sueño capaces de curar o aliviar sus síntomas y sus consecuencias.

2.4. Salud mental e ictus

Los trastornos mentales se asocian con un aumento del riesgo de ictus y otros eventos cardiovasculares, especialmente el infarto de miocardio. Diferentes estudios han mostrado que el tratamiento o la remisión de la depresión disminuye el riesgo de ictus, además de muerte por cualquier causa (2).

Según la World Stroke Organitation uno de cada seis ictus está relacionado con alteraciones de la salud mental, principalmente con la depresión y el estrés crónicos, llegando casi a duplicar el riesgo de ictus cuando se sufren estos trastornos de forma crónica. Los pacientes con trastornos mentales tienen un claro incremento del riesgo cardiovascular en probable relación con las alteraciones severas del estilo de vida.

La depresión y el estrés se han vinculado a la HTA y a la FA, ambos factores de riesgo para sufrir un ictus. Recientemente, en un estudio publicado en la revista *Neurology,* han mostrado una mayor incidencia de depresión en sujetos que, a lo largo del seguimiento durante doce años, presentaron un ictus respecto al grupo que no lo presentó. Plantean la posibilidad de considerar los síntomas depresivos, especialmente la fatiga, como síntomas prodrómicos de un posible ictus. Estos planteamientos requieren más estudios y actualmente están en discusión (10).

Respecto al estrés, sus condiciones y manejo respecto a la enfermedad cerebrovascular se tratarán más adelante en el apartado del estrés.

2.5. Otros factores de riesgo modificables en el ictus

Los pacientes con Enfermedad Pulmonar Obstructiva Crónica (EPOC) tienen más riesgo de enfermedad de Alzheimer, ictus e insuficiencia cardíaca. Su prevención y control pueden impedir el desarrollo de estas entidades, entre otras.

Existen situaciones clínicas, conocidas como «protrombóticas», que son distintos tipos de enfermedades que inducen a un incremento de la coagulación de la sangre, facilitando la producción de trombos arteriales que pueden afectar a la circulación cerebral.

El incremento de los parámetros analíticos del hematocrito y de la hemoglobina en la sangre, como por ejemplo en el EPOC u otras causas, pueden inducir a una situación protrombótica por aumento de la viscosidad de la sangre.

El aumento de fibrinógeno en sangre, al igual que otros factores de la coagulación, la homocisteína y la disminución de ácido fólico son circunstancias que pueden inducir a un ictus, sobre todo si están asociados a otros factores de riesgo vascular.

Una causa frecuente de ictus en personas jóvenes son los trastornos de coagulación de base inmunológica con producción de determinados anticuerpos, como son los anticuerpos antifosfolípidos que, por distintos mecanismos, inducen a la coagulación sanguínea. En determinados pacientes, la existencia de anticoagulante lúpico o anticuerpos anticardiolipinas, que pueden darse en algunas enfermedades inmunológicas como el lupus u otras, son factores de riesgo de ictus, con una alta frecuencia de repetición de estos eventos. Otras enfermedades con base inmunológica-inflamatoria crónicas representan un factor de riesgo para tener un ictus, una enfermedad cardiovascular o una enfermedad de Alzheimer, por lo que es importante su detección, diagnóstico y tratamiento lo antes posible.

2.6. Dietas, estilo de vida y protección frente al ictus

Se han repasado las distintas enfermedades que se comportan como factores de riesgo para sufrir un ictus, hemos analizado algunos datos de interés a cerca de ellas y adelantado algunas pautas para prevenirlas o tratarlas. En el siguiente apartado se trazan algunas líneas para mantener la salud física y mental del cerebro, con el objetivo de prevenir enfermedades y gozar plenamente de la sensación de salud que se refleja en todas las actividades de nuestra vida diaria.

Dieta e ictus

Una base fundamental de nuestra salud es una dieta alimenticia adecuada a nuestras necesidades vitales a lo largo de la vida, dependiendo de la edad, necesidades calóricas, ejercicio, trabajo, el tipo de vida que se lleve, la presentación de enfermedades que requieren dietas especiales y otras circunstancias vitales que nos hacen cambiar la ingesta alimenticia, con la adaptación correspondiente a esas situaciones que vayan apareciendo con el paso del tiempo.

No hay dietas milagrosas que nos hagan vivir más, ni que mejoren específicamente el rendimiento de nuestro cerebro, pero sí hay dietas que mejoran la calidad de vida, ayudan a prevenir y controlar ciertas enfermedades que sí afectan al cerebro y probablemente enlentecen su envejecimiento cuando la dieta adecuada se mantiene durante largos periodos de la vida.

Actualmente la dieta considerada más beneficiosa, desde todos los puntos de vista preventivos para el ictus y otras enfermedades vasculares, es la conocida *dieta mediterránea* baja en sal (menos de 5 g de sal al día), especialmente para los hipertensos, habiendo datos en la literatura científica que sugieren que es saludable para nuestro cerebro.

La *dieta mediterránea* se basa en una pirámide alimenticia donde en la base están las verduras, frutas, legumbres, arroz u otros cereales preferentemente integrales, frutos secos, semillas y aceite de oliva virgen extra. Todo esto sería la base de la alimentación diaria que, como vemos, supone un patrón basado en productos vegetales, y menos de origen animal. En un piso superior se encuentran los lácteos, que deberán consumirse diariamente, el pescado, el marisco, los huevos y las carnes de ave, con un consumo de unas dos a tres veces por semana. Y en el último piso, las carnes rojas, con un consumo moderado y esporádico de dulces. La dieta en general debe ser rica en vitamina D y ácidos grasos omega 3, aportados sobre todo por el pescado, preferentemente azul, que deberá consumirse al menos una a dos veces a la semana, evitando las grasas, especialmente las saturadas. Los suplementos vitamínicos no han demostrado efectos beneficiosos en la prevención del ictus o de otras enfermedades vasculares (2).

En distintos estudios y metaanálisis se ha encontrado que el consumo de unos 10 g/día de fibra; fruta, entre 3 a 5 raciones/día, o verduras unos 80 g/día; así como una ración diaria de legumbres, o una combinación de unos 30 g/día de frutos secos, disminuyen el riesgo cardiovascular, y específicamente el riesgo de ictus. Cada aumento diario de 25 g de frutas o verdura se asoció a un descenso del 9 % del riesgo de ictus (2).

Por otra parte, deben evitarse los quesos grasos en abundancia, las carnes rojas a un máximo de 350-500 g/semana, especialmente de carnes rojas procesadas, los fritos, la comida rápida, los pasteles —y dulces en general—, las bebidas azucaradas como refrescos y zumos, o los alimentos ultraprocesados cuyo consumo se ha disparado en las últimas décadas, especialmente en niños y jóvenes, siendo uno de los factores causantes de la obesidad infantil y juvenil, con un aumento del riesgo de diabetes y dislipemias en edades tempranas (11). Actualmente este tipo de alimentación, muy extendido, son una importante preocupación, en los sistemas de salud y a nivel social, en los países occidentales, por sus implicaciones en la salud de amplias poblaciones.

En España se realizó un estudio aleatorizado donde un grupo de sujetos se alimentó con dieta mediterránea con suplementos de aceite de oliva y nueces, y otro grupo, en cambio, recibía una dieta baja en grasas. El estudio, que se realizó a lo largo de cinco años, mostró una disminución significativa del riesgo de eventos vasculares (muerte vascular, eventos coronarios o ictus) en el grupo con dieta mediterránea respecto al grupo control (12). Evidentemente, esta dieta mediterránea deberá ser ajustada en personas con diabetes, dislipemia, hipertensión, insuficiencia renal u otras patologías que requieran dietas específicas.

En determinadas regiones de nuestro país, como Galicia, Asturias, Cantabria y País Vasco, al igual que algunas regiones de Portugal, el Reino Unido y la Bretaña francesa, con una larga tradición alimenticia y culinaria sustentada en la llamada *dieta atlántica*, que se basa en un abundante consumo de pescados y mariscos, legumbres, hortalizas propias de estas tierras, lácteos, fruta, aceite de oliva como grasa culinaria y consumo moderado de carnes rojas, ha demostrado, al igual que la dieta mediterránea, claros beneficios cardiovasculares (los interesados pueden consultar en Internet: Fundación Española del Corazón, Fundación Dieta Atlántica de la Universidad de Santiago de Compostela).

Hay que tener presente la dificultad de mantener equilibradamente estas dietas a lo largo del tiempo en un mundo con abundantes sugerencias culinarias y costumbres diversas y cambiantes, por ello es aconsejable huir del *marketing* engañoso de dietas y productos dietéticos, actualmente muy extendidos, y mantener una pautas saludables respecto a la comida, como son: cocinar los alimentos adecuadamente, comer a sus horas de una forma relajada, preferiblemente en casa y con buena compañía, apartar en lo posible el estrés y los problemas diarios, procurando un cierto grado de relajación o descanso después del almuerzo y la cena.

En España tenemos acceso a una gran variedad de alimentos saludables que nos pueden ayudar a mantener una dieta sana y equilibrada. Una buena opción es aprender desde edades tempranas a elegir una cesta de la compra saludable, sabiendo reconocer aquellos alimentos beneficiosos frente a otros que, por su procesamiento, composición, calorías, aditivos de azúcares, grasas saturadas, etc., no lo son tanto, e incluso, su consumo en exceso puede afectar la salud.

Actualmente se encuentran en el mercado productos dietéticos que anuncian sus efectos beneficiosos en la prevención del ictus u otras enfermedades vasculares. No existen pruebas científicas acreditadas que abalen los resultados beneficiosos que anuncian.

Por todo ello, respecto al papel de la dieta en la prevención de las enfermedades cerebrovasculares, se recomienda una dieta mediterránea o atlántica equilibrada en su ingesta y en las cantidades de alimentos. Debe ajustarse a nuestras necesidades vitales a lo largo de la vida o a enfermedades que puedan surgir, y evitar productos dietéticos o dietas no probadas científicamente.

Sedentarismo, deporte y ejercicio

El sedentarismo, entendido como la falta de actividad física en la vida diaria, es muy prevalente en las sociedades occidentales. El sedentarismo dificulta el metabolismo de los hidratos de carbono y las grasas y favorece la diabetes, la obesidad, el aumento del colesterol y el mal control de la HTA. En España en una encuesta nacional de salud del año 2017, el 31,9 % de los hombres se declaraban sedentarios frente a un 40 % de las mujeres.

Hay múltiples evidencias, con extensos estudios publicados, de que la realización de deporte y ejercicio físico reglado mejora en su conjunto la salud física y mental de las personas, es un protector cardiovascular, ayuda a prevenir el ictus y otras enfermedades neurológicas, y tiene efectos en la prevención de determinados tipos de cánceres, como el de mama y el de colon.

El ejercicio físico mejora la función cardíaca y el entrenamiento incrementa la eficiencia cardíaca, mejora la circulación coronaria, disminuyendo el riesgo de infarto de miocardio o insuficiencia cardíaca. Respecto al cerebro, el ejercicio aumenta la llegada de oxígeno al encéfalo, tiene efectos protectores sobre la circulación cerebral al controlar factores de riesgo vascular y mejorar la resistencia del endotelio vascular a la ateroesclerosis; ayuda a controlar la TA, mejora el metabolismo de los hidratos de carbono y la resistencia periférica a la insulina, estabilizando la diabetes tipo 2. Además, tiene efectos positivos sobre el control de las dislipemias, con disminución de triglicéridos y disminución de las cLDL y aumento de las cHDL, también previene el sobrepeso o la obesidad, mejora la percepción de salud, no solo física sino también mental, e incrementa las capacidades cognitivas.

No está establecida, de forma generalizada, una pauta ideal de ejercicio, pero se considera que adquiere su carácter preventivo la realización de al menos media hora al día de ejercicio aeróbico de intensidad moderada, al menos cinco días a la semana, o realizar ejercicio de intensidad alta durante un mínimo de veinte minutos, tres días por semana. El tipo de ejercicio puede variar según las preferencias personales y sustituirse por caminar, hacer senderismo, baile aeróbico u otros.

Hay que educar a la población desde la infancia en la realización de ejercicio físico y deportes de forma habitual, y que se integre en la vida diaria como una práctica saludable más, propiciando programas que abarquen las distintas épocas de la vida. Es beneficioso mantener el ejercicio en un nivel óptimo a lo largo de la vida y hasta edades avanzadas.

La actividad física, realizada durante las horas de trabajo, también tiene un efecto protector cardiovascular. Esto ya se mostró a mediados del siglo pasado cuando se comparó la incidencia de enfermedad cardiovascular entre los trabajadores de oficina y aquellos que realizaban actividad física más o menos intensa a lo largo de su jornada laboral. Esto ha cambiado ostensiblemente con la mecanización y automatización de la producción, reduciendo a un mínimo la actividad física del trabajador, de tal forma que, en estudios actuales realizados en España, han encontrado que los trabajadores manuales sufren más hipertensión arterial, diabetes, dislipemia y síndrome metabólico que las personas con empleos más sedentarios (13).

Por todo ello, aconsejamos la práctica frecuente y con constancia de ejercicios físicos o deportes a la población general, y a lo largo de la vida del individuo, dado el impacto positivo en su calidad de vida, no solo en la salud física sino psicológica y social. Recomendamos en determinados tipos de individuos con enfermedades cardiovasculares o musculoesqueléticas un seguimiento médico y control para adecuar el tipo de ejercicio a su patología de base.

Contaminación medioambiental e ictus

Actualmente se sabe que la contaminación atmosférica afecta a la salud en general, tanto al sistema respiratorio como al cardiovascular y al cerebro, y lo hace de diferentes formas. La contaminación del aire contribuye a la mortalidad y morbilidad a nivel mundial y está involucrada en más de seis millones de muertes prematuras al año en todo el mundo, y en España estaríamos alrededor de las 27 000 muertes anuales que se atribuyen a la contaminación atmosférica, resultando en un 21 % de la mortalidad vascular.

Hasta un tercio de los europeos están expuestos a la contaminación atmosférica al vivir en zonas donde el aire excede los estándares de calidad propios de la UE, siendo el origen de esta polución la combustión industrial y doméstica de petróleo, carbón y madera, tráfico rodado, centrales eléctricas u otros. Actualmente existe un acuerdo de la Comisión Europea para reducir las emisiones nocivas antes del 2030 (2).

En múltiples estudios se ha demostrado la relación directa entre la contaminación del aire y la incidencia de enfermedades arterioescleróticas. Esto se debería a las partículas en suspensión en el aíre contaminado, como el monóxido de carbono, el dióxido de nitrógeno, el dióxido de azufre y el ozono. Estas partículas actúan por distintas vías para la producción de ateroesclerosis a través de distintos procesos, como: alteración del endotelio vascular, fenómenos inflamatorios, aumento de viscosidad sanguínea, efectos protrombóticos y otros.

Según la Sociedad Española de Neurología, y basándose en los datos del Global Burden of Disease, un 30 % de los ictus podrían estar relacionados directamente con la contaminación atmosférica, principalmente por gases procedentes de la combustión de hidrocarburos, y también, esta contaminación, tendría efectos negativos en la propia gravedad del ictus y en su pronóstico a corto plazo.

En un estudio canadiense controlado se observó que las personas que vivían a menos de cincuenta metros de una carretera concurrida tenían más riesgo de desarrollar demencia. En otros estudios realizados en 28 países del mundo, se encontró que en los días «pico» de incremento de la contaminación en grandes urbes se registró un claro incremento del ingreso por ictus y de la mortalidad por esta patología, especialmente relacionada con el aumento en la atmósfera del dióxido de azufre, el nitrógeno y el monóxido de carbono.

En un próximo capítulo abordaremos de nuevo la contaminación atmosférica, por su papel en el desarrollo de enfermedades neurodegenerativas y su consideración actual como un importante factor de riesgo que puede y debe ser modificado.

Las guías actuales de prevención de enfermedad cerebrovascular se hacen eco de esta situación de contaminación de nuestro medio en sus distintas facetas, promoviendo el conocimiento y la reflexión sobre estos temas claves para a la salud de la población, con propuestas a llevar a cabo en colaboración con las autoridades y las políticas implicadas en esta dirección (2).

Estrés e ictus

El estrés es un conjunto de reacciones psicológicas y biológicas que aparecen cuando una persona se enfrenta a situaciones nocivas de distinta naturaleza, produciendo una sensación psicofísica que se manifiesta como tensión emocional, frustración y ansiedad, siendo especialmente perjudicial para la salud cuando es intenso y se cronifica. El estrés crónico es muy frecuente en las sociedades del mundo occidental y está muy relacionado con nuestro estilo de vida.

No se conoce bien cómo actúa el estrés en la producción de una enfermedad cardiovascular e ictus, pero todo indica que la base de este proceso fisiopatológico involucra el eje hipotálamo-hipofisario y el sistema nervioso simpático, con una sobreestimulación de estas estructuras.

El estrés produce una estimulación mantenida del sistema simpático, con un aumento de catecolaminas, adrenalina y noradrenalina en sangre y, por su parte, el hipotálamo y la hipófisis inducen a un importante incremento del cortisol sanguíneo. Este grupo de sustancias elevan la TA, llegando a producir HTA, también aumenta la resistencia periférica a la insulina y por tanto es un inductor de diabetes o su descompensación, además se acompaña de una cierta respuesta inmunitaria que desencadena un proceso inflamatorio crónico que afecta a distintos sistemas, especialmente al vascular. Todo este proceso lleva a una disfunción del endotelio de los vasos sanguíneos y a iniciar o agravar la enfermedad arterioesclerótica y sus complicaciones trombóticas a nivel de los vasos coronarios, cerebrales u otros.

Cuando esta situación de estrés crónico se mantiene en el tiempo, aumenta el riesgo de ictus y de otras enfermedades cerebrovasculares de forma independiente a otros factores de riesgo vascular. En un metaanálisis que reunió a 150 000 pacientes con ictus, y en el estudio INTERSTROKE, se observó que el estrés psicosocial aumenta el riesgo de ictus de 1,3 a 2,2 veces más que en los sujetos no sometidos a estrés, siendo algo mayor si se trata de hemorragias cerebrales, en probable relación con el incremento de TA que produce el estrés (7).

El estrés laboral se ha asociado también a un incremento en el riesgo de ictus. Las personas, especialmente las mujeres, sometidas a un alto estrés en su trabajo, sobre todo con bajo control de sus funciones laborales, aumentan el riesgo de ictus, especialmente el de tipo isquémico, cuando se comparan con poblaciones que no tienen este estrés laboral (7).

Los consejos para rebajar el estrés son múltiples, pero podríamos resumirlos en:

- Levantarse con tiempo suficiente para ir relajado y desayunar sentado.
- Planificar el día en lo posible.
- No prescindir de la comida y realizar un descanso o relax posterior.
- No abusar del café u otros estimulantes.
- Hacer deporte o intentar caminar.
- Desconectar el móvil u otros en las comidas y los momentos de descanso.
- Relajarse antes de dormir y seguir las pautas de higiene del sueño.

Como recomienda la Sociedad Española de Neurología, es aconsejable evitar el estrés crónico tanto en el entorno laboral como en la vida familiar o social, y esto conlleva cambios importantes en el estilo de vida.

Drogas e ictus

El consumo de cocaína, heroína, éxtasis, anfetaminas u otros aumentan considerablemente el riesgo de sufrir un ictus, tanto isquémico como hemorrágico. Estas drogas producen un aumento de TA, vasoespasmo cerebral, inflamación de los vasos cerebrales (vasculitis), embolización secundaria a endocarditis (inflamación de la membrana interna del corazón que recubre las cavidades y las válvulas cardíacas), disfunción del endotelio vascular, anomalías de la coagulación, incremento de la viscosidad sanguínea y aumento de la agregación plaquetaria, lo que induce a la formación de trombos cerebrales.

La cocaína es perjudicial no solo porque puede producir ictus, sino que también induce a crisis convulsivas, cefaleas tipo migrañas y movimientos anormales. La relación con un ictus se da tanto en casos de consumo crónico como esporádico, pudiendo desencadenarse el ictus horas después, independientemente de la forma de administración.

Las anfetaminas y la cocaína están más relacionadas con hemorragia intracerebral que con el ictus isquémico. Se considera que la cocaína es un factor de riesgo de patología vascular cerebral, sobre todo en adultos jóvenes, y se recomiendan programas terapéuticos adecuados a cada paciente drogodependiente (14).

Hay una serie de casos que asocian los ictus con el cannabis, sin embargo, el mecanismo que podría producirlos no está claro.

Iniciativas como el Plan de Acción sobre Adicciones 2014-2021 contemplan varias líneas de actuación coordinas a nivel del estado español y encuadradas en el Plan Nacional sobre Drogas, cuya aplicación efectiva podría llevar a una prevención más eficaz de las drogodependencias, siendo imprescindible la información sobre los perjuicios que su consumo acarrean a la salud. Esta información debe dirigirse especialmente a la adolescencia y adultos jóvenes, dada su incidencia en estas edades.

CAPÍTULO II
PREVENCIÓN DE ENFERMEDADES
NEURODEGENERATIVAS

En este capítulo se analizan las enfermedades neurodegenerativas más frecuentes, abordando sus manifestaciones clínicas, sus causas, cómo se diagnostican, para después centrarnos en el principal objetivo de este libro, que es su prevención o cómo retardar su aparición.

Las distintas enfermedades neurodegenerativas comparten en común la pérdida de poblaciones específicas de neuronas, que implican a sistemas o áreas funcionales específicos, pero anatómica y funcionalmente relacionados entre sí, que es lo que determina la presentación clínica de la enfermedad. El sistema particularmente afectado, como puede ser el hipocampo, la corteza asociativa, el sistema extrapiramidal, las áreas frontotemporales, u otros, es el causante de la clínica más que la afectación molecular propia de cada una de las enfermedades.

En las enfermedades neurodegenerativas las alteraciones moleculares y metabólicas que afectan a un sistema determinado al inicio del proceso patológico suelen extenderse a otras áreas cerebrales, lo que hace a su vez que aparezcan nuevos síntomas neurológicos. En general, la base molecular de la neurodegeneración es el acúmulo de proteínas anómalas en las neuronas o en el espacio interneuronal, que lleva a su alteración metabólica y posteriormente a su degeneración y muerte. Actualmente, gran parte de la investigación se centra en el conocimiento de estas alteraciones moleculares, de los trastornos metabólicos que producen en las neuronas y sus conexiones, así como de la reacción de la glía, especialmente la microglía, y la inflamación propia que acompaña a estas enfermedades.

En este capítulo se tratarán las enfermedades neurodegenerativas más comunes, como: la enfermedad de Alzheimer, la demencia frontotemporal, la enfermedad por cuerpos de Lewy, la demencia vascular u otras, centrándonos en los síntomas de deterioro cognitivo, y otros, que muestran los distintos sistemas neuronales afectados; también se aborda la enfermedad de Parkinson y la Esclerosis Lateral Amiotrófica (ELA), así como sus posibilidades de prevención.

Antes de entrar en esta materia, nos acercaremos a unos conocimientos básicos sobre las funciones mentales. Se aborda el tema de la cognición y la memoria como una de las máximas expresiones del funcionamiento cerebral y parte esencial de nuestra mente. La complejidad de estas funciones y la gran pérdida que supone su deterioro en todos los aspectos vitales del individuo deben servir para concienciarnos de la importancia que tiene para nuestras vidas y nuestro entorno, así como los posibles medios para prevenirlas.

2.1. Conceptos sobre las funciones cognitivas o cognición

La cognición es una función cerebral que abarca varios dominios e implica a varias habilidades, como son: las funciones ejecutivas, juicio y razonamiento, la atención, el lenguaje, la memoria y el aprendizaje, funciones visuoespaciales y praxias, el manejo de emociones y control de las relaciones sociales. La cognición normal implica el funcionamiento de estas habilidades o dominios cognitivos de forma eficiente, segura y orientada hacia fines.

Las *funciones ejecutivas* son habilidades de carácter superior por las que planificamos y organizamos nuestra vida, razonamos abstractamente, enjuiciamos las situaciones y solucionamos problemas con el objetivo de adaptarnos a las distintas circunstancias de la vida diaria, más o menos complejas, de una manera eficaz y flexible. Tienen diferentes componentes, como es la planificación, la toma de decisiones según nuestros intereses del momento, el establecimiento de metas a conseguir con los medios necesarios e implicando el juicio y el razonamiento, la organización y anticipación de resultados, acompañado de una monitorización y evaluación de todo el proceso. A través de las funciones ejecutivas anticipamos a la mente nuestra imagen del futuro.

El *lenguaje* comprende el lenguaje hablado y la escritura, con una función receptiva o sensitiva, con la que entendemos lo que nos dicen y otra parte expresiva o motora con la que emitimos las palabras y las frases con una correcta fluidez, sintaxis y gramática, tanto en su manifestación hablada como escrita, siendo el principal sistema de comunicación con las personas que nos rodean.

La *memoria* es un proceso específico cerebral por el que almacenamos información durante un tiempo, más o menos duradero, en función de la importancia para uno mismo de los hechos a retener. En gran medida somos lo que contiene nuestra memoria, y a ella acudimos en todos nuestros procesos cognitivos.

La memoria tiene varios cometidos esenciales, el primero es ayudarnos a mantener una coherencia en nuestros actos, registrando los sucesos corrientes y manteniéndolos durante un tiempo escaso, para ayudarnos en nuestras más variadas actividades cotidianas. Otra función esencial es grabar las experiencias importantes de nuestras vidas, tanto las que afectan directamente a nuestra biografía, como aquellos hechos relevantes que suceden a nuestro alrededor, así como los conocimientos que vamos adquiriendo y que consideramos de importancia, y su proyección de estos hacia el futuro. Es un elemento esencial para todo proceso cognitivo ya que nos recuerda nuestro pasado, nos ayuda en el presente y nos proyecta hacia el futuro, siendo capaz de relacionarlos a tiempo real. Para realizar estas funciones, la memoria tiene que archivar ordenadamente y en diferentes categorías todos estos recuerdos, para adaptarse a nuestro papel en la vida y a sus cambios, permitiéndonos un *continuum* de identidad a nosotros mismos, basado en gran medida en nuestros recuerdos, que nos colocan en el espacio psicológico de nuestro yo.

La memoria también realiza la gran tarea, sana y necesaria, de olvidar aquellos recuerdos que ya no tienen relevancia en nuestras vidas, o que en su momento produjeron un importante impacto emocional, cuyo olvido nos ayuda, en cierta manera, a librarnos de ellos y de esa manera mantener un equilibrio en el mundo de las emociones y sentimientos. El olvido nos ayuda a curar muchas vivencias, más o menos traumáticas, que nos va deparando la vida y nos libera de conocimientos que han dejado de sernos útiles, como un mecanismo «limpiador» propio de nuestra memoria.

Como dice Luis Rojas Marcos: «En definitiva, la memoria humana, con su sorprendente capacidad para grabar, reconstruir, evocar y olvidar, es el cemento que une todas nuestras sensaciones, experiencias y conocimientos. Con ello proporciona consistencia y continuidad al sentido de nosotros mismos». «Al final, la memoria define quiénes somos» (15).

Como veremos en los distintos tipos de memoria, su localización neuroanatómica es muy dispar y compromete distintas áreas cerebrales interconectadas entre sí, con función «en red» o en circuitos neuronales de distinta extensión. A nivel ultraestructural, la memoria se codifica en las sinapsis interneuronales a través de las dendritas neuronales y de las espinas dendríticas (ver parte III. «La neurona»). Las capacidades de la memoria tendrían una relación directa con las posibilidades de incrementar estas conexiones interneuronales a través de un crecimiento del número de sinapsis, de las dendritas y sus espinas, que harían una red inter-neuronal más rica, tupida y eficiente (1, 92).

La memoria puede clasificarse, según los estímulos sensoria-les que llegan al cerebro, como: memoria visual, auditiva, táctil y gustativa, que representan formas de relación más inmediatas con nuestro entorno. Según sus distintas funciones cualitativas y cuan-titativas en el tiempo, se aceptan en general los siguientes tipos:

1. *Memoria de Trabajo.* Nos permite retener la información necesaria para realizar tareas más o menos complejas, entender lo que ocurre en esos momentos y aprender. Funciona por escasos minutos y puede relacionar el instante que vivimos con nuestros conocimientos, nuestra experiencia y recuerdos antiguos. Ejem-plos de esto son el cálculo mental y la retención de números, hacer una ruta caminando o en coche, o seguir coordinadamente una tarea de nuestro trabajo habitual, etc., estando limitada por el tiempo y la complejidad de los datos a retener. Está muy re-lacionada con la memoria visual y espacial y es capaz de extraer datos de las «otras memorias» de forma rápida y precisa para su utilización puntual en las acciones a resolver o ejecutar. Es bási-ca en nuestras variadas actividades ya que nos permite resolver problemas concretos, razonar y valorar de manera práctica las ventajas e inconvenientes cuando tomamos decisiones. Este tipo de memoria tiene su administrador principal en la corteza pre-frontal, aunque utilice otras áreas de almacenaje de otros tipos de memoria con las que se relaciona anatómica y funcionalmente.

2. *Memoria Episódica y Autobiográfica.* Cuando algo nos inte-resa especialmente, como acto volitivo y complejo de hechos o acontecimientos, lo graba de forma más o menos permanente en nuestra memoria, y representaría aquellos sucesos que han tenido un impacto en nuestras vidas, que los situamos en el tiempo, y que tienen representación en el esquema temporal de nuestras vidas.

La memoria autobiográfica sería una forma de la episódica sobre hechos relacionados con nuestra propia biografía. Nos sirve para recordar hechos y sucesos específicos de nuestra vida, como nuestra fecha de nacimiento, la unión con la pareja, la finalización de los estudios, el nacimiento de un hijo, el primer trabajo, etc., y muchas otras vivencias y acontecimientos de interés que nos han impactado a lo largo de nuestra vida. Como escribe Luis Rojas Marcos en su libro *Optimismo y salud*: «Una cualidad fascinante de la memoria es su poder para ordenar, moldear y reconstruir los datos y acontecimientos que almacena el pasado, y hacerlos coherentes con nuestra perspectiva del presente» (16). Este tipo de memoria es explícita, descriptiva y declarativa, pues puede expresarse verbalmente. Como más literariamente decía Oscar Wilde: «Es el diario que llevamos con nosotros a todas partes».

Dentro de la memoria autobiográfica, algunos autores consideran la *Memoria Emocional*, que se encarga de almacenar recuerdos impactantes de experiencias satisfactorias y emocionalmente positivas, o, por el contrario, almacena experiencias negativas, peligrosas o traumáticas, con alto contenido emocional, que nos suceden en algún momento de la vida. Su activación produce sentimientos intensos, escenas y emociones que a veces se pueden acompañar de reacciones físicas, como palpitaciones, sudoración fría, sequedad de boca, angustia u otros, representando imágenes muy resistentes al olvido a pesar del paso del tiempo. Este concepto es muy utilizado en psiquiatría en el llamado «trastorno por estrés postraumático». Pero también esta memoria emocional se encarga de guardar situaciones emotivas positivas, que nos quedan grabadas intensamente, y su condicionante agradable, emotivo o sentimental, que nos invade cuando rememoramos esos acontecimientos, a veces con la sensación de que ocurrieron ayer hechos acaecidos hace mucho tiempo.

Es de interés el papel que tienen las emociones en la formación de la memoria en general, así como la motivación y la atracción sobre algo que interesa especialmente. Todos tenemos experiencia de situaciones vividas, con alta carga emocional, como grabadas permanentemente en nuestra memoria. Las situaciones que nos emocionaron intensamente se guardan mucho mejor en la memoria.

3. *Memoria Semántica*. Está relacionada con nuestros conocimientos generales o específicos de nuestra profesión o trabajo, funcionando a largo plazo. Guarda los significados del lenguaje, de los símbolos y de los conceptos que representan las cosas para nosotros, los cuales acumulamos a lo largo del tiempo. Nos sirve para recordar conocimientos generales aceptados por nuestro grupo, o la sociedad en general, como son los significados compartidos de costumbres y creencias que se dan implícitamente sobrentendidos. También es la encargada de guardar nuestros conocimientos, como realizar labores caseras, las tareas profesionales aprendidas, experiencias culturales y otros saberes en general. Al igual que la episódica, esta es una memoria explícita y declarativa, pero también con cierto componente implícito.

La memoria episódica y semántica tienen su base estructural en zonas anatómicas mediales e inferolaterales de los lóbulos temporales, corteza prefrontal, circuitos específicos que están debajo de la corteza cerebral (circuito de Papez), pero también se distribuye en zonas asociativas de la corteza cerebral y otras áreas.

4. *Memoria Procedimental*. Para algunos autores es conocida como «memoria motora», y se refiere a conocimientos adquiridos a lo largo de la vida, muy relacionados con habilidades motoras, muchas de ellas aprendidas en las primeras décadas, de manera consciente, pero repetidas infinidades de veces a lo largo de la vida de forma inconsciente. De esta manera se convierten, en cierta manera, en actos reflejos.

Este tipo de memoria retiene información sobre acciones que pasan con el tiempo a realizarse automáticamente, por ejemplo, manejar un lápiz, utilizar los cubiertos o muchos tipos de instrumentos que hacemos de forma automática, o acciones como lavarse, peinarse, vestirse, caminar, conducir, montar en bicicleta, nadar, etc. Son decenas de acciones motoras de la vida diaria que habitualmente se almacenan para toda la vida o en grandes periodos de tiempo, reforzándose con la repetición de las acciones, actuando de manera implícita y no declarativa, pues es difícil describirlas a otras personas con el lenguaje, mostrándose mejor con la propia acción.

En esta memoria está implicado especialmente el cerebelo, en conexión con estructuras subcorticales, y áreas motoras suplementarias de la corteza cerebral.

En su función habitual, la memoria no lo hace por compartimentos estancos, pues sería muy ineficiente, sino que actúa combinando los distintos tipos de memoria según las necesidades de cada momento y, al mismo tiempo, es otro ejemplo del funcionamiento «en red» de nuestro cerebro. Podemos ir caminando, en bicicleta o conduciendo un coche, y a su vez ir recordando sucesos antiguos autobiográficos o grabando en nuestra memoria un esquema de la clase recibida hace unas horas, así como otras funciones propias de la memoria. Esto hace que la memoria sea una herramienta altamente flexible y eficaz en la coordinación de las funciones mentales.

Como antes indicamos, otra cualidad muy importante de la memoria es la capacidad de olvidar, borrar recuerdos, integrada dentro de la propia dinámica de su fisiología. El olvido nos sirve para borrar gran parte de información grabada no necesaria en el trascurso del tiempo y, además, tendemos a olvidar aquellos sucesos, hechos y situaciones más penosos o frustrantes de nuestras vidas. Estos recuerdos pierden cada vez más nitidez y se vuelven imprecisos, con menor carga emotiva, y en un proceso saludable se van perdiendo conforme transcurre nuestra vida, dando buena cuenta del dicho «el tiempo lo cura todo». De alguna manera, el olvido ayuda a proteger nuestro equilibrio mental y nuestra felicidad.

De una forma más funcional y temporal, la memoria se puede clasificar también en *memoria a corto, medio y largo plazo*. La memoria a corto plazo estaría relacionada con la memoria de trabajo y es inmediata; la de medio plazo, retiene la información durante horas o varios días, y la de largo plazo conserva la información durante años o a lo largo de toda la vida, y estaría representada por la memoria episódica y autobiográfica, la semántica y la procedimental.

La *atención* es otra facultad cognitiva que permite procesar unas acciones o estímulos frente a otros, centrarnos en una función mental determinada que nos interese en ese momento y mantenernos en ella, evitando distracciones, para llevar una acción concreta a un fin satisfactorio. Está muy ligada a un buen funcionamiento de la memoria, especialmente la memoria de trabajo o inmediata. Tiene relación con el nivel de alerta que es capaz de mantener nuestro sistema nervioso, permitiendo finalmente la producción de conductas más o menos complejas y conscientes.

La motivación y la atracción hacia algo sería un punto de unión entre la atención y la memoria, ya que ambas actitudes mejoran enormemente la capacidad de nuestra memoria en todas sus formas, así como en el traslado de información desde la memoria de trabajo, o a corto plazo, a la memoria a largo plazo, episódica o semántica, según nuestros intereses.

Las habilidades *visuoperceptivas, visuoconstructivas, perceptuales motoras, praxias y gnosias* son funciones cognitivas imprescindibles para la realización de actividades motoras con un fin definido, como son la coordinación entre las manos y la vista para todo tipo de acciones, integridad de los movimientos aprendidos para que sean eficaces (praxias) e integridad perceptual de la conciencia y el reconocimiento de objetos, colores, cara, etc., (gnosias).

Hay que entender que todo el proceso mental cognitivo es muy complejo, en él intervienen muchas estructuras cerebrales conectadas entre sí, con un funcionamiento «en red», siendo necesaria la «salud» de estas estructuras, de todas y cada una de ellas, para que su coordinación de lugar a una cognición normal (1, 95).

Actualmente existen múltiples métodos, pruebas y modelos exploratorios de estas funciones, que se aplican en la clínica diaria en general, abarcando desde las pruebas más sencillas, o de cribado, a los más complejas, que requieren su realización por expertos.

2.2. Envejecimiento cerebral normal

Antes de entrar de lleno en el deterioro cognitivo, las demencias y las enfermedades neurodegenerativas, es de interés tratar algunos conceptos acerca de cómo envejece nuestro cerebro desde el punto de vista molecular o metabólico, y cómo se manifiesta en el individuo, es decir cuáles son sus rasgos conductuales según va avanzando la edad.

A lo largo de la vida, nuestro cuerpo envejece, todos nuestros órganos, sin excepción, van sufriendo un cierto grado de deterioro que está en relación con importantes cambios moleculares que en gran medida tienen su base en un deterioro progresivo de las funciones del ADN celular y su capacidad de replicación. Esta replicación del ADN está determinada por los telómeros y la enzima telomerasa, así como por la producción y acúmulo de radicales libres por la propia respiración celular. A esto se añaden otros cambios que se producen a la larga, como trastornos metabólicos y moleculares deletéreos para la función y replicación celular de los distintos tipos de tejidos que forman nuestro organismo. Además de la inestabilidad genómica y desgaste de los telómeros, aparecen alteraciones epigenéticas, disfunción de organelos intracelulares, como las mitocondrias, hay dificultad en el manejo de los nutrientes celulares y de la regulación de sus proteínas, agotamiento de las células madre y de la comunicación ente las propias células (17).

Más recientemente se han encontrado otros mecanismos que determinan el envejecimiento, que se suman a estas dificultades en el proceso de reciclado celular, a los que se añaden procesos de inflamación crónica que afectarían a distintos tejidos y también a la relación con los microorganismos huéspedes simbióticos de nuestro intestino (microbiota) y sus alteraciones (disbiosis), y que podrían estar en relación por distintos mecanismos con el enveje- cimiento cerebral o con la enfermedad de Alzheimer. Sobre estas bases biológicas y bioquímicas, se extiende la idea de actuar en estos distintos mecanismos a través de fármacos u otros medios para mejorar la calidad de vida durante el envejecimiento y au- mentar la longevidad de las personas (18).

Estas alteraciones propias del envejecimiento también afectan al cerebro que sufre un envejecimiento cerebral sano, es decir, en ausencia de enfermedad, en el cual hay concretamente cambios en las neuronas y sus interconexiones que producen ciertas al- teraciones en su rendimiento funcional que suelen manifestarse como un continuum a lo largo de este periodo de la vida. Estos cambios anatómicos y funcionales no tienen por qué evolucionar necesariamente a déficits motores severos, a deterioro cognitivo o a una demencia establecida, pero sí pueden manifestarse en fun- ciones como la atención, la memoria de trabajo y, a largo plazo, el aprendizaje, el lenguaje, las funciones visuoespaciales y ejecutivas, las funciones motoras, de coordinación y de equilibrio, que van afectando a las personas según avanza su edad.

Se ha observado en estudios neuroanatómicos que en ancianos sin deterioro cognitivo existe una progresiva atrofia cerebral de evolución muy lenta, al menos comparada con la que se produ- ce en pacientes con demencia, y también se ha encontrado una disminución de la población neuronal y de la densidad de las co- nexiones sinápticas en sujetos de edad avanzada en distintas áreas cerebrales, como el hipocampo, la corteza prefrontal y otras áreas, que podrían ser las bases del declinar cognitivo y los trastornos motores del anciano. Pero en general no existen, o son escasos y en menor cuantía, los cambios neurodegenerativos propios de las demencias. En el envejecimiento puede existir una disminución del flujo sanguíneo cerebral, sobre todo en edades avanzadas, pero no en todos los ancianos, y esto puede tener relación con la propia pérdida de tejido cerebral, pues no se ha encontrado una patología vascular propia o específica del envejecimiento.

Como contrapeso a este declinar fisiológico, hoy sabemos que el cerebro tiene ciertas capacidades regenerativas basadas en la plasticidad y la regeneración neuronales. La plasticidad no solo del cerebro sino de todo el sistema nervioso (neuroplasticidad) ya fue intuida por Ramón y Cajal cuando se refería a que «el hombre es el escultor de su propio cerebro», y consiste en los cambios adaptativos en su función y estructura que presenta el tejido nervioso con el paso de los años en relación con los estímulos de distintos tipos recibidos en nuestra vida diaria, a su actividad mental y a las consecuencias de enfermedades que le afectan. Más recientemente se ha señalado la existencia en determinadas áreas cerebrales de células madre que pueden diferenciarse en neuronas y que pueden emigrar a otras zonas dañadas sustituyendo a las neuronas muertas, aunque no hay evidencias definitivas sobre esta cuestión. Por otra parte, y dentro de este contexto, se sabe que hay áreas cerebrales capaces de sustituir a otras en determinadas funciones.

En este estado de envejecimiento cognitivo sano suelen aparecer ciertas dificultades en la memoria y aparecen algunos olvidos, por ejemplo: olvidamos dónde dejamos las gafas o las llaves; el nombre de personas conocidas, o de personas que acabas de conocer; lo que vamos a comprar y, si no llevamos una lista de la compra, volvemos con la mitad de lo previsto; no recordamos algunas cosas que tenemos que hacer, citas y fechas, el día del mes o de la semana, sobre todo cuando cambiamos la rutina diaria, y muchos otros tipos de olvidos que pueden ser más o menos frecuentes, pero que no interfieren de forma importante en la vida diaria. Los allegados suelen ver al sujeto como «despistado», con falta de atención y desmemoriado. En otras ocasiones tenemos dificultad para encontrar palabras o frases específicas que «se nos quedan en la punta de lengua», impidiendo que nos expresemos con fluidez, o nos cuesta recordar el nombre concreto de una persona conocida, u objetos habituales, lo que lleva a situaciones embarazosas, también puede existir cierta dificultad para adquirir y retener información. Estos trastornos de la memoria, que empeoran escasamente a lo largo de los años, son considerados benignos, no interfieren en las labores habituales de las personas ni en sus relaciones y no se acompañan de otros signos de deterioro cognitivo, y se conocen desde hace décadas como *olvido senescente benigno* o, más recientemente, como *trastorno de memoria relacionado con la edad*.

En el envejecimiento normal, podemos tener algunos fallos en las actividades ejecutivas para realizar alguna acción, o hacer mal algunos cálculos, cierta dificultad en el aprendizaje de nuevas habilidades y puede acompañarse de cierta lentitud en el manejo de la información, pero al igual que en los olvidos de la senescencia, estos déficits no producen en el sujeto concreto dificultades en el desempeño de sus actividades diarias ni en las relaciones con sus allegados u otras relaciones sociales, y no suelen progresar.

En ocasiones, según se envejece, la capacidad de atención se muestra más débil y nos concentramos durante menos tiempo y con menos intensidad, lo que dificulta el proceso de grabación en nuestra memoria inmediata o de trabajo, y, por tanto, «estos despistes» afectan a nuestra memoria episódica o semántica, lo que entorpece aprender el nombre de personas recientemente conocidas, nuevas informaciones o retener nuevos conocimientos. En otras ocasiones, a las personas de edad les cuesta mantener la atención al leer, por lo que tienen que volver reiteradamente al texto, avanzan poco y tienen dificultad para mantener un seguimiento de la información escrita, esto mismo puede suceder con el seguimiento de la trama de una película o de una obra de teatro. Otra de las cosas que suelen frustrar a estas personas de edad es el tener dificultad para evocar recuerdos que, sin embargo, los mantienen, pero «no me vienen a la cabeza» en el momento preciso, dificultando la expresión de una experiencia, pensamiento o idea.

También se puede notar cierta dificultad en el procesamiento visuoespacial y la orientación, lo que obstaculiza mantener imágenes recientes, o presentar pequeños episodios de desorientación espacial que duran instantes, con una reorientación rápida en cuanto se mantiene la atención. Esto puede acompañarse de cierta inseguridad al conducir vehículos y a veces orientarse con rapidez, lo que se traduce también en una franca disminución de la seguridad vial.

Muchas personas, sobre todo aquellas que tienen algún familiar cercano con demencia o son sus cuidadores, están «hiperalertas» a los propios fallos de memoria que les hace recordar los comienzos de su familiar enfermo. Estos fallos les producen ansiedad ante la angustia de poder sufrir una demencia, que a su vez inducen más fallos en la memoria, lo que incrementa aún más la ansiedad, llevando a un bucle que lastra a la persona, y le puede dificultar una vida sana, cuando realmente no se trata de que esté iniciando una demencia, sino a cambios propios de la edad.

Para todos estos trastornos cognitivos que preocupan a tantas personas y a veces las obsesiona ante la idea de tener una demencia, actualmente se acepta el término de *Declinar Cognitivo Asociado a la Edad*, que es un concepto basado en estudios neuropsicológicos que han mostrado que, por encima de los 60 años, los déficits antes descritos pueden afectar a amplias poblaciones de esas edades, estando muy relacionado con la llamada *reserva cognitiva*, que son las capacidades cognitivas, intelectuales y conocimientos que hemos acumulado a lo largo de la vida. Como antes indicamos, este declinar cognitivo propio del envejecimiento no tiene por qué evolucionar a demencia, como así sucede en la mayoría de la población que lo presenta, aunque sí supone frecuentemente un reto para los clínicos, dada la dificultad para distinguir esta decadencia cognitiva con los síntomas iniciales de una demencia, especialmente de la enfermedad de Alzheimer. Se acepta clínicamente que existe una relación inversa entre la reserva cognitiva y el declinar cognitivo en las personas mayores.

Debemos también saber que en el envejecimiento sano se preservan bien el vocabulario y los conocimientos semánticos, la memoria procedimental y la autobiográfica, la gestión de las emociones, la apreciación del estado mental de otras personas y el reconocimiento de la información previamente aprendida, entre otros. Muchas personas por encima de los 70 años mantienen un nivel cognitivo y una fuerza mental excepcional y son capaces de mostrar un alto nivel creativo, como hay múltiples muestras en la historia de la humanidad. Como dicen Adams y Victor en su libro *Principios de Neurología* (19): «La inteligencia superior, hábitos de trabajo organizado y juicio firme compensan muchas de las deficiencias progresivas de la senectud», es decir, el poseer una importante reserva cognitiva mejora las expectativas frente al declinar cognitivo, pero hay que considerar que esa reserva cognitiva hay que irla creando a lo largo de los años previos, como una mochila de conocimientos bien estructurada, y preservarla en el trascurso del tiempo, incluida la edad avanzada y la senectud.

Mucho se ha escrito en la literatura en general y en la científica acerca de los *cambios de la personalidad en los ancianos* sin llegar a una línea general aplicable a toda la población. Así, hay sujetos ancianos que se vuelven obstinados, metidos en sí mismos, repetitivos, rígidos y más conservadores en sus pensamientos, pero en otras ocasiones ocurre lo contrario, y encontramos individuos con flexibilidad y aceptación crítica de las ideas, a veces en exceso, y pueden estar incluso algo indiferentes o vacilantes. Muchas personas mayores tienden a volverse cada vez más precavidas, y la toma de decisiones las hacen sobreseguro, disminuyendo el riesgo tanto como sea posible.

Estos cambios pueden estar relacionados con la personalidad previa a la senectud, pero no siempre ocurre en este sentido. Parece que las personas enérgicas y con variedad de intereses y relaciones sociales resisten mejor el paso de los años que aquellos menos enérgicos o apocados. Los que tienen tendencias depresivas se ven más desesperanzados, decaídos, dubitativos, desconfiados y con miedo ante los problemas que surgen o pueden aparecer a lo largo del envejecimiento. Todo esto suele incrementarse con la soledad que, con frecuencia, se experimenta a estas edades.

Desde edades previas a la senectud aparecen, con una progresión sutil, una serie de trastornos motores, de la estabilidad en la bipedestación y en la marcha en relación con problemas de control neuromuscular. Esto se suele asociar a problemas articulares, fragilidad en el anciano, trastornos neurológicos u otras alteraciones, que llevan a dificultades en la movilidad, especialmente al caminar. La bipedestación y los cambios de postura se hacen más inestables y poco coordinados, los pasos se van haciendo más cortos, se tiende a una marcha con arrastre de los pies, más lenta, con una tendencia a encorvarse, flexionando la cabeza y el tronco.

Las personas mayores se hacen más precavidas al caminar, los movimientos son menos elásticos, estables y coordinados, lo que les produce cierta desconfianza en sus desplazamientos, sobre todo en situaciones como subir o bajar escaleras, terrenos irregulares o zonas oscuras. Estas dificultades motoras, que son menos evidentes en los miembros superiores, en muchas ocasiones se acompañan de desequilibrio y caídas frecuentes, con los traumatismos que pueden acompañarlas. Esto supone un desafío para el clínico cuando trata de distinguir si estas alteraciones están dentro de un envejecimiento normal o debidas a patologías específicas que afectan al cerebro, a la médula espinal, a los nervios periféricos, a las articulaciones o a los músculos.

Todas estas perturbaciones cognitivas, conductuales y trastornos del movimiento propias de la senectud, las describe de una manera peculiar nuestro genial premio nobel D. Santiago Ramón y Cajal en su libro *El mundo visto a los ochenta años* con una perspicacia y extensión excelente para una obra escrita en 1934, cuando el propio autor se encuentra en una edad avanzada, donde nos muestra cómo el envejecimiento puede ir mermando las capacidades previas en los mayores, y ya el autor nos indica cómo prevenir o mitigar estos déficits con unos sabios consejos propios de una mente lúcida a pesar de su edad (75).

En el siguiente apartado se exponen los trastornos cognitivos que ocurren cuando existe algunas de las enfermedades que afectan al cerebro, a diferencia del envejecimiento cerebral normal o sano.

2.3. Deterioro Cognitivo Leve (DCL)

Como se describía al comienzo de este capítulo, en el estado cognitivo normal, las funciones cognitivas, es decir, la atención, la memoria, las funciones ejecutivas, el lenguaje y otras, actúan normalmente permitiendo a la persona realizar sus actividades habituales adquiridas a lo largo de la vida de forma eficaz e independiente.

Cuando el deterioro de las funciones mentales cognitivas sobrepasa lo esperado para la edad del sujeto, nos adentramos en el terreno del deterioro cognitivo, en el cual los déficits empiezan a perjudicar de manera más o menos severa la vida diaria de la persona que los sufre. En estos casos en los que la exploración neuropsicológica muestra un rendimiento por debajo de lo esperable para la edad y el nivel educacional del paciente, con preservación de sus capacidades funcionales para las actividades de su vida diaria, nos encontramos ante el DCL.

Este deterioro de funciones puede afectar un solo dominio cognitivo, es decir, solo implica a un área funcional, o puede comprometer a varios dominios cognitivos, y así tendremos tres tipos de DCL: el DCL amnésico (**DCLa**), cuando se afecta la memoria en sus distintas expresiones; el deterioro cognitivo de las funciones ejecutivas (**DCLe**), y cuando se afectan varios dominios cognitivos, que nos encontraríamos con el deterioro cognitivo multidominio (**DCLm**). Estos tipos de deterioro pueden ser, y de hecho son en muchas ocasiones, la antesala de la demencia, siendo considerados en la clínica habitual como un estado cognitivo que cabalga entre la normalidad y la demencia, principalmente la enfermedad de Alzheimer prodrómica, aunque podría tratarse también del inicio de otro tipo de demencia (20, 21).

Según la Academia Americana de Neurología, la prevalencia del DCL está relacionada con los grupos de edad. De tal forma que entre los 60 a 64 años, un 6,7 % de la población lo padece, entre los 65 a 69 años los sufren un 8 %, entre los 70 a 74 años afecta al 10 % y entre los 80 a 84 años lo sufren casi el 26 % de la población americana. Estos datos son superponibles en la población española y relaciona directamente el DCL con la edad, lo que supone un incremento progresivo de esta patología, debido al aumento de la vida media de las poblaciones. Por otra parte, hay datos que muestran una progresión de pacientes con DCL a la demencia del 10 al 15 % anual, mientras que poblaciones de edad avanzada sin DCL desarrollaran demencia entre el 1 al 2 % anual.

DCLa: Es el más frecuente, el paciente presenta fallos de memoria, a menudo atestiguado por un familiar o un informador fiable. El paciente o su familiar refiere que tiene olvidos, y que son cada vez más frecuentes; no se acuerda de dónde deja las cosas, se deja el fuego encendido; a veces va a hacer algo y se le olvida a dónde iba; no se acuerda de la fecha en que vive, tampoco de citas o de eventos importantes y suele referir dificultad para seguir una conversación compleja, o el argumento de un libro o la trama de una película. El paciente hace una vida normal, sin cambios sustanciales en sus actividades diarias, pero a veces los familiares y los clínicos perciben desasosiego y ansiedad ante estos síntomas, que además pueden acompañarse de ciertos rasgos depresivos. Los familiares también suelen estar alerta y preocupados porque estos síntomas se mantienen repetitivamente en el tiempo, aprecian que se van incrementando y es habitual que piensen que pueden encontrarse en las puertas de una demencia, lo que suelen transmitirse en el curso de la entrevista médica. El paciente puede ser consciente o no de estos síntomas, de aquí la importancia de tener un informador fiable y empático con su allegado. Cuando el sujeto es consciente, suele estar preocupado por estos déficits y por su futuro, lo que en general comunican.

Debe existir una evidencia objetiva, mediante pruebas neuropsicológicas, de las que más adelante se habla, para que estos fallos de memoria sean considerados y diagnosticados como DCLa. El rendimiento cognitivo general del paciente debe de estar preservado y no existen dificultades en otros dominios, como el lenguaje, las funciones ejecutivas o visuoespaciales y tampoco hay dificultad para la realización de las actividades diarias del paciente. Esta modalidad de DCL tiene más tasa de conversión a demencia que los otros tipos.

DCLe: En esta forma, el deterioro cognitivo comienza por la afectación de las funciones ejecutivas. El paciente tiene dificultad para la toma de decisiones y cada vez le resulta más difícil planificar sus acciones hacia objetivos o realizar una tarea concreta. Le cuesta entender instrucciones y aprender cosas nuevas. Puede presentar dificultad en el lenguaje pues no encuentra las palabras; las frases pueden estar mal estructuras o tener problemas para entender el lenguaje hablado, especialmente frases complejas, dificultándole seguir una conversación fluida. Pueden presentar episodios de desorientación visuoespacial y llegar a perderse en lugares conocidos. Los familiares y amigos pueden apreciar falta de juicio y razonamiento coherente sobre cosas habituales, y, a veces, notan alteraciones en el comportamiento, como irritabilidad, desinhibición, agresividad u otras. Sin embargo, y al igual que en el DCLa, en esta fase el paciente puede hacer una vida más o menos normal, no suele tener problemas de memoria y puede realizar sus actividades de una forma eficiente. Como sucede en el DCLa, el paciente puede ser consciente, total o parcialmente, de estos síntomas, pero no es infrecuente que los niegue o los minimice, de aquí la importancia de un informador que nos relate la situación.

DCLm: Las manifestaciones de esta forma de deterioro leve multidominio consisten en una afectación de varios dominios cognitivos mezclados y se muestran con dificultades en la memoria o en el lenguaje, que pueden asociarse a trastornos ejecutivos o problemas de comportamiento. Al igual que en las otras formas, para su diagnóstico es preciso una buena historia clínica, basarnos en lo posible en una información veraz por testigos, objetivar estos cambios con test cognitivos, que pueden ser desde los más sencillos, realizados en la primera consulta, o en otros más complejos y precisos que aporten datos suficientes para un diagnóstico correcto.

En la experiencia clínica es frecuente que los pacientes que consultan por algún déficit cognitivo no sean plenamente conscientes de los mismos o incluso lo nieguen. Con frecuencia no suelen reconocer esos frecuentes despistes como que no se acuerden de dónde dejan las cosas, de lo que tienen que hacer, aunque sean citas importantes, que a veces se desorienten al ir a algún lugar conocido, que tengan que ir a la compra con una lista pues si no vuelven con la mitad de los recados y, en fin, muchas otras quejas que suelen ser aportadas por el informador, que habitualmente es el cónyuge o los hijos, y que el paciente con actitud indiferente niega o acepta solo parcialmente. Esto hace dificultosa la toma de datos en la historia clínica y a veces existe cierto rechazo del paciente a la exploración de las funciones cognitivas a través de pruebas, y esta escasa colaboración aumenta las dificultades diagnósticas. De aquí la importancia de informadores para que den datos veraces y que intenten ser objetivos en sus apreciaciones, para que el clínico pueda sopesar adecuadamente las declaraciones del paciente. Es conveniente que esta persona sea la que va a estar cerca del paciente en su día a día y nos sirva de testigo en la evolución de su enfermedad.

Como antes decíamos, un porcentaje importante de estos pacientes van a desarrollar una demencia, y en general se acepta que los pacientes con DCLa van a presentar una demencia tipo enfermedad de Alzheimer. Los que muestran rasgos de DCLe pueden desarrollar al cabo del tiempo una demencia por cuerpos de Lewy o una demencia fronto-temporal y, a veces, una demencia vascular o incluso también una enfermedad de Alzheimer, como veremos más adelante.

Cuando aparecen estos síntomas, en cualquiera de sus vertientes clínicas, las personas deben consultar a su médico, que realizará una historia clínica para recoger esos síntomas, aplicará al paciente exploraciones mediante test, que pueden ir desde pruebas sencillas de cribado (Mini-Mental o Mini-examen cognitivo, test del Informador, T&M u otros) que permiten valorar de forma rápida y cuantitativa si existe deterioro y su grado de afectación. En otras ocasiones, y para valorar con más precisión los déficits cognitivos y su intensidad, se solicitarán test más complejos de realizar e interpretar, habitualmente administrados por un neuropsicólogo y que tienen una alta sensibilidad diagnóstica. También su médico solicitará pruebas analíticas para descartar enfermedades que pueden ser las causas de este deterioro y pruebas de neuroimagen (TC o RM cerebral).

Más recientemente, en consultas monográficas o unidades especializadas dedicadas al deterioro cognitivo y a las demencias, pertenecientes habitualmente a Servicios de Neurología, pueden solicitarse determinados estudios diagnósticos y predictivos respecto al posible desarrollo de una demencia, especialmente la demencia tipo Alzheimer. Estos estudios pueden ser RM cerebral, para valorar signos de atrofia en determinadas áreas cerebrales, PET (Tomografía por Emisión de Positrones) cerebral con determinados marcadores para ver la cantidad de beta-amiloide acumulada en el cerebro y en qué áreas. También pueden realizarle una punción lumbar para cuantificar en el líquido cefalorraquídeo (LCR) las proteínas beta-amiloide (Aβ) y tau, como marcadores biológicos (biomarcadores) predictivos y/o diagnósticos.

Hay que entender que el DCL es un síndrome que puede ser debido a múltiples enfermedades, tratamientos farmacológicos o abuso de sustancias. Aunque en la gran mayoría el DCL se debe a un sustrato neurodegenerativo, no hay que olvidar que determinados trastornos metabólicos, cardiovasculares o algunos fármacos pueden provocarlo, y un tratamiento específico de estos trastornos pueden revertirlo, de aquí la necesidad de un diagnóstico precoz, por la ganancia de oportunidad que esto supone.

Con todos estos datos su médico llegará posiblemente a un diagnóstico, informará al paciente y a sus familiares del pronóstico de la enfermedad y aconsejará, en su caso, las medidas terapéuticas a aplicar. Para el lector interesado en el DCL tenemos un documento de consenso sobre este tema (22).

Existe un concepto clínico, que es el de *Deterioro Cognitivo Subjetivo o Quejas Subjetivas Cognitivas*, que se refiere a aquellos individuos que se quejan habitualmente de dificultades en la memoria, sin confirmación por un informador, sin que haya compromiso de las actividades diarias del paciente y con resultados normales en las pruebas neuropsicológicas. Sin embargo, estas personas con estas quejas subjetivas, cuando son seguidos durante tiempo, pudieran tener más riesgo de desarrollar DCL o enfermedad de Alzheimer, especialmente si se asocian a biomarcadores positivos de esta enfermedad. Pero estamos en un libro sobre prevención de enfermedades que afectan a nuestro cerebro, y por tanto tiene que surgir la pregunta: ¿podemos prevenir el desarrollo del deterioro cognitivo leve y por tanto el probable desarrollo de una demencia?

Dado que DCL y la demencia frecuentemente es un *continuum* clínico, neuropatológico y fisiopatológico, abordaremos el tema de la prevención del deterioro cognitivo leve dentro del apartado dedicado a la prevención de las demencias.

2.4. Demencias

Cuando hablamos de demencia estamos utilizando un término sindrómico, es decir, que la demencia puede ser producida por distintas enfermedades. A nivel funcional la demencia indica una disminución, desde un nivel previo, de las capacidades cognitivas de la persona de suficiente severidad para afectar a sus actividades de la vida diaria y, además, este deterioro es mayor del esperado que en el envejecimiento normal. En el DSM-5 (*Diagnostic and Statistical Manual of Mental Disorders*) de la *American Psychiatric Association,* 2014, definen el trastorno neurocognitivo mayor o demencia como: «Evidencia de un declive cognitivo comparado con el nivel previo de rendimiento en uno o más dominios cognitivos que interfieren con la autonomía del individuo en las actividades cotidianas, al menos en actividades instrumentales, que no ocurren en el contexto de un síndrome confusional y que no puede explicarse por otros trastornos mentales como depresión mayor o esquizofrenia».

En el caso de que la demencia esté establecida, y dependiendo del grado de severidad, el paciente presenta distintos síntomas: dificultad para realizar múltiples actividades de la vida diaria, se olvida de lo que tiene que hacer, de citas importantes, de dónde deja objetos; le cuesta hacer la compra y se olvida de lo que necesita; se confunde al pagar; si previamente cocinaba, ahora comete errores o se le ha olvidado; es incapaz de llevar las cuentas caseras o su relación con los bancos; conduce mal, desorientándose en trayectos conocidos o no sabe manejar correctamente el vehículo; pierde, parcial o totalmente, habilidades propias o deja de realizar aficiones u ocio habituales; comienza a desorientarse en lugares frecuentados y no sabe el día de la semana o la fecha en que vive; tiene dificultad para reconocer a personas de su entorno, incluso a amigos y familiares cercanos, o muestra otras muchas manifestaciones clínicas que iremos tratando en los apartados correspondientes.

Estos síntomas cognitivos suelen acompañarse de alteraciones del comportamiento y neuropsiquiátricos de muy distinta expresión, siendo el más frecuente la depresión y los trastornos de ansiedad, que pueden anticiparse a la demencia incluso años antes.

En sí mismo y como antes señalamos, el término demencia no indica una etiología determinada, pues puede ser producida por distintos tipos de enfermedades, pero las más frecuentes son las conocidas como enfermedades neurodegenerativas, donde la enfermedad de Alzheimer es la más común, seguida de la patología cerebrovascular y de otras enfermedades neurodegenerativas. Menos frecuentes son infecciones del sistema nervioso central, enfermedades metabólicas, tumores, hidrocefalia, traumatismos u otras.

Según la OMS la demencia afecta a nivel mundial a unos 50 millones de personas, con mayor prevalencia en países de ingresos medios y bajos, que representan un 60 % de todos los casos. Se registran unos 10 millones de nuevos casos al año en todo el mundo, y se calcula que entre el 5 al 8 % de la población mayor de 60 años sufre demencia con diferente prevalencia, según rangos de edad, incrementándose especialmente a partir de los 75 años y con mayor prevalencia en las mujeres.

Debido al incremento de la esperanza de vida, en general se considera que el número total de personas con demencia alcance los 82 millones en 2030, y hasta 150 millones en 2050 en todo el mundo, lo que supone una enorme carga asistencial y sociosa-nitaria, y un importante coste económico para hacer frente a esta gran «epidemia», aparte del gran sufrimiento humano que estas enfermedades generan.

En España se considera que hay entre 700 000 a 800 000 personas afectadas por algún tipo de demencia en mayores de 40 años, y se cree que se llegaran a unos 2 millones de afectados en 2050 (23). La prevalencia de las demencias se incrementa con la edad. Así, en España, la prevalencia de esta enfermedad ronda el 0,05 % entre las personas de 40 a 65 años; 1,07 % entre los 65-69 años; 3,4 % en los 70-74 años; 6,9 % en los 75-79 años; 12,1 % en los 80-84 años; 20,1 % en los 85-89 años, y 39,2 % entre los mayores de 90 años. Sin embargo, hay algunos estudios actuales que apuntan buenas noticias, y es que parece observarse en los últimos años una disminución de la incidencia de demencias, probablemente con relación a una mejoría en el control de los factores de riesgo vasculares u otros, aunque debido al aumento de la esperanza de vida de la población los números absolutos seguirán aumentando.

Como antes decíamos las enfermedades neurodegenerativas son la causa más frecuente de demencias, suponiendo alrededor del 70 % de todos los casos, seguido por la demencia vascular entre el 15-20 %, quedando un 10-15 % para las otras causas de demencia. Por otra parte, las diferentes causas de demencias degenerativas pueden asociarse (como se muestra en los estudios patológicos de muchos pacientes) y no es infrecuente que se combinen cambios neuropatológicos propios de la enfermedad de Alzheimer con trastornos vasculares de distintos tipos (1).

Actualmente, y según su presentación clínica, estas enfermedades neurodegenerativas se agrupan en síndromes cognitivos-conductuales, definidos por determinadas características clínicas, apoyados en estudios de imagen y/o biomarcadores. Algunos de estos síndromes no tienen una separación clara entre ellos, con formas de presentación y evolución cambiantes por la presencia de otros procesos, como patología vascular de distinto tipo, y que puede dar lugar a demencias mixtas. Por otra parte, estas enfermedades, de las cuales la más representativa y frecuente es la enfermedad de Alzheimer, tienen cambios neuropatológicos diferentes, tanto en el compromiso de las distintas áreas cerebrales como a nivel de las moléculas implicadas en su producción. Los distintos trastornos moleculares con expresiones anatomopatológicas y fisiopatológicas diferentes dan lugar a otras enfermedades neurodegenerativas que también difieren clínicamente de la enfermedad de Alzheimer, como la enfermedad por cuerpos de Lewy, la demencia frontotemporal, la atrofia cortical posterior, las afasias primarias progresivas, la demencia asociada a la enfermedad de Parkinson, la esclerosis lateral amiotrófica y otras.

La demencia, además de suponer una pérdida progresiva de las habilidades cognitivas, afecta a nuestra esperanza de vida, con variaciones en la supervivencia según la edad en que se presenta, de tal forma que si aparece entre los 65 y 69 años la esperanza de vida es de unos diez años, que va disminuyendo hasta unos cuatro años en los mayores de 90 años. La supervivencia es mayor en mujeres que en hombres, y la gravedad de la demencia es un factor que la determina y además puede cambiar entre los distintos tipos de demencia (20).

Los síntomas de las demencias suelen ser de comienzo insidioso, lentamente progresivo e iniciarse como un DCL de distinto tipo. Puede comenzar, lo más habitual, con pérdidas de memoria, especialmente para hechos recientes, como se describe en el apartado del DCLa, pero con suficiente intensidad para interferir con las actividades de la vida diaria y afectar la independencia del paciente, ya que los síntomas suponen un deterioro de su calidad de vida previa. Otras demencias pueden manifestarse como trastornos del comportamiento o de las capacidades ejecutivas, pueden comenzar con problemas de lenguaje, de orientación visuoespacial, reconocimiento de caras u objetos, etc.

En cualquier tipo de demencia los síntomas suelen ir progresando en intensidad y se asocian o se suman a lo largo de la evolución de esta, yendo desde un DCL a demencia leve, moderada y severa, clasificación que se realiza según la intensidad de los síntomas, de cómo interfiere en las actividades habituales del paciente y su grado de dependencia. En otras ocasiones la demencia puede instaurarse de forma subaguda a lo largo de escasos meses, e incluso en unas semanas.

Cuando estos síntomas aparecen en personas por encima de los 60 años (a veces pueden iniciarse antes), deben acudir, lo antes posible, a su médico a ser posible acompañados de un informador. Su médico realizará un proceso diagnóstico similar al que describimos en el DCL. Esta fase diagnóstica es clave para determinar qué tipo de demencia sufre el paciente y para descartar enfermedades tratables, abusos de sustancias tóxicas o efectos secundarios de fármacos que pueden producir demencia, que representan alrededor del 10 % de todas las demencias y que son formas reversibles con mayor éxito cuanto antes se diagnostiquen y se trate la enfermedad subyacente, se ajusten los fármacos o se retiren los tóxicos. También hay que tener en cuenta que en casi un 25 % de las demencias neurodegenerativas coexisten enfermedades tratables, cuyo abordaje y tratamiento mejoran sustancialmente los síntomas y la evolución de la propia demencia.

En el siguiente apartado trataremos la enfermedad de Alzheimer como principal representante de las enfermedades neurodegenerativas dada su alta prevalencia, el impacto en la salud general de la población, en la asistencia sanitaria, en la calidad de vida del paciente, en la de sus familiares o cuidadores y sus consecuencias socioeconómicas. Pero, como siempre, con la vista puesta en el principal objetivo de este libro, que es la prevención y la protección del cerebro ante estas enfermedades.

2.5. Enfermedad de Alzheimer (EA)

El psiquiatra y patólogo alemán Alois Alzheimer (1864-1915) describe, en 1906, la demencia que lleva su nombre en una mujer de 51 años, ingresada en un asilo de Fráncfort y llamada Auguste Dete, reportándola como una demencia presenil debido a la edad de la paciente. Cuando esta mujer fallece, Alzheimer estudia su cerebro y describe las lesiones cerebrales causantes de la enfermedad: los ovillos neurofibrilares y las placas seniles.

La enfermedad de Alzheimer es la demencia neurodegenerativa más frecuente, representando en los distintos estudios entre el 60 al 70 % de todas las demencias (21). Según datos de la OMS se considera que hay unos 47 millones de personas afectadas de enfermedad de Alzheimer en el mundo, y en España alrededor de 700 000 personas sufren esta enfermedad. Estas cifras irán en aumento en los próximos años debido a la mayor esperanza de vida y envejecimiento de la población, y se calcula hasta 75 millones en 2030 y 132 millones en 2050 en todo el mundo, de los que corresponderán a España unos 2 millones de pacientes (23). La EA afecta más a las mujeres, siendo el 60 % de todos los casos respecto al 40 % de los hombres.

Se ha aportado un incremento de la incidencia de las demencias en los países de ingresos medios y bajos, dado el aumento del envejecimiento poblacional y el escaso control de factores de riesgo de las demencias. Como apuntamos en el apartado anterior sobre las demencias, este incremento de la EA a nivel mundial —y en nuestro país— supone un gran reto asistencial, sociosanitario y económico, sin que exista una planificación coherente en esos tres aspectos para abordar esta enfermedad que produce mucho sufrimiento.

Como en todas las demencias, la incidencia y prevalencia de EA aumenta con la edad. Según distintos estudios realizados en España, afecta al 1% entre los 65-69 años; al 3,4 % en los 70-74 años; al 7 % entre los 75-79 años; al 12 % en los 80-84 años; 20 % entre los 85-89 años, y casi el 40 % en los mayores de 90 años pueden sufrirla (23).

En España, y según datos de la Sociedad Española de Neurología, se diagnostican unos 40 000 nuevos casos de EA cada año, aunque actualmente sigue siendo una enfermedad infradiagnosticada, pues se estima que alrededor del 80 % de los casos leves están —y hasta un 30 a 40 % de los moderados y graves— sin diagnosticar.

Estudios americanos y europeos recientes están constatando un descenso de la incidencia de la demencia, que puede llegar hasta el 30 % (comparado con hace apenas 15 años), lo que estaría en relación con la mejora en la enseñanza, en el acceso a estudios superiores y mejor control de factores de riesgo de demencia. Esto avala el efecto protector de la educación en el desarrollo de la demencia. Recientemente este efecto beneficioso se ha vuelto a demostrar en la población americana, tanto en hombres como en mujeres (24).

Sin embargo, hay que explicar que, al igual que sucede con las demencias en general, como antes apuntamos, el número absoluto de pacientes con EA sigue aumentando dado el envejecimiento poblacional, lo que conlleva a un aumento de la vida media de las poblaciones y por tanto a la posibilidad de desarrollar deterioro cognitivo.

Desde la perspectiva de economía de la salud, se calcula que un paciente con EA en España, y según datos de hace unos años, puede costar entre 15 000 a 42 000 euros anuales, según la gravedad de la demencia. Esto supone un gasto de unos 10 000 millones de euros anuales en España en costes asistenciales, sociosanitarios, costes indirectos y otros causados por esta enfermedad, siendo muy probable que en los últimos años estos gastos se hayan disparado. Una gran parte de la carga económica que supone la enfermedad es sufragada por la familia, lo que se añade al sufrimiento de asistir al inexorable deterioro de un familiar.

1.6. Por qué y cómo se produce la EA (etiopatogenia)

En la última década ha habido importantes avances en el conocimiento de la etiopatogenia de la EA, pero aún quedan muchas incógnitas por resolver. Hasta los conocimientos actuales, básicamente se considera que hay dos proteínas anómalas implicadas, y cuyo acúmulo en el cerebro serían la principal causa de la EA. Una es la proteína beta-amiloide (Aβ), y otra es la proteína tau. La Aβ se acumula en el espacio extracelular del cerebro en los llamados agregados o placas de β-amiloide. Estos acúmulos anómalos se aprecian muchos años antes del inicio de los síntomas cognitivos, empezando a depositarse, habitualmente, en las regiones del hipocampo, para después extenderse hacia otras regiones de la corteza cerebral, según progrese la enfermedad. Esta proteína Aβ procede de la PPA (Proteína Precursora del Amiloide) con función desconocida en la actualidad y codificada por un gen situado en el cromosoma 21. Su degradación produce distintos péptidos, especialmente el Aβ42, que es la forma que ha demostrado efectos neurotóxicos sobre la función sináptica y la microglía, e iniciar la cadena neurodegenerativa que llevará a los trastornos cognitivos. Estos acúmulos de Aβ aparecen desde el inicio de la enfermedad en estadios preclínicos o premórbidos, y pueden encontrarse en cerebros de personas ancianas que no han padecido la enfermedad, aunque en cantidades menores que los que la han sufrido.

La proteína tau, cuya síntesis está relacionada con el cromosoma 17, se encuentra en estructuras neuronales llamadas microtúbulos, que sirven para el transporte de sustancias desde el cuerpo neuronal, a través del axón, y sus terminales sinápticas. Esta proteína sufre cambios estructurales que inducen su acúmulo dentro de las neuronas, formando los ovillos neurofibrilares que se acumulan en el citoplasma (cuerpo celular) de las neuronas, alteran los microtúbulos por los que circulan el flujo de sustancias a lo largo del axón neuronal, produciendo degeneración axonal y pérdida de sinapsis que, a la larga, lleva a la muerte neuronal.

Parece existir una acción sinérgica de la proteína amiloide y de la tau, requiriéndose ambas para la producción de toxicidad, y se postula que puede haber una propagación de las placas y los ovillos de neurona en neurona, que van colonizando progresivamente distintas áreas cerebrales, según progrese la enfermedad y dando lugar a la aparición de las distintas manifestaciones clínicas.

Todo este proceso, que dura años, va produciendo muerte neuronal y de la glía, con procesos inflamatorios y bioquímicos asociados, y así como alteración en la síntesis de los neurotransmisores y del metabolismo de la glía. Conforme estos cambios se establecen, va apareciendo una atrofia cerebral progresiva que, al principio, afecta a determinadas áreas cerebrales, como el hipocampo, y después se extiende progresivamente a todo el cerebro hasta llegar a ser muy intensa en aquellos pacientes con EA avanzada y con deterioro cognitivo severo.

1.7. Manifestaciones clínicas de la EA

Actualmente la EA, en sus manifestaciones clínicas, se considera que pasa por tres fases. La primera fase, también conocida como *fase preclínica*, es silente o premórbida, en la que no se aprecian síntomas, pero ya puede demostrarse la acumulación de Aβ y tau en distintas zonas del cerebro mediante pruebas como el PET, donde puede demostrarse el acúmulo de la proteína Aβ en zonas específicas del cerebro, o el análisis de biomarcadores en el LCR (líquido cefalorraquídeo), donde puede encontrarse una disminución de la proteína Aβ y un aumento de la tau, o bien puede apreciarse un inicio de atrofia cerebral especialmente en las zonas de los hipocampos que se muestran en la RM o el TC cerebral. Cuando por alguna otra razón estos cerebros son analizados anatómicamente, se encuentran ya los cambios patológicos, consistentes en las placas amiloides y los ovillos neurofibrilares propios de la EA.

La *fase clínica* de la EA suele iniciarse con quejas subjetivas de memoria episódica reciente y de memoria de trabajo varios meses o años antes de establecerse el diagnóstico. Estas quejas subjetivas van progresando hasta establecerse los déficits de memoria propios del DCLa ya descritos anteriormente y que empiezan a afectar a las actividades diarias del paciente. En su progresión, se desarrolla la segunda fase de demencia, de carácter leve o moderada, donde además del incremento de los problemas de memoria y aprendizaje pueden aparecer dificultades en el lenguaje, la atención, la orientación espacial y temporal, aparecen dificultades para calcular y una lentitud o errores evidentes en el juicio y pensamiento abstracto; el paciente comienza a tener dificultades para realizar sus labores habituales, controlar sus finanzas, salir solo, hacer la compra, etc. Estos síntomas se van agravando progresivamente hasta entrar en fases avanzadas de la enfermedad, en que todos estos déficits se acentúan e impiden una vida independiente del paciente. En esta fase más tardía, avanzada o tercera fase, el paciente presenta un grave deterioro de todas las funciones intelectuales, no reconoce a familiares o amigos, se olvida de su edad, de su nombre y el de los seres más cercanos, necesita ayuda en todas las actividades, incluso las básicas, como vestirse, asearse o comer, con dependencia completa; puede estar incontinente y postrado en cama con mutismo y desconexión del medio y pérdida de la conciencia de sí mismo hasta su fallecimiento, debido a alguna otra enfermedad o complicaciones de la propia EA (1, 20, 21).

Además, en cualquiera de las fases pueden aparecer los llamados síntomas neuropsiquiátricos, con distintas alteraciones conductuales y psiquiátricas, producidos por la propia EA y que consisten en trastornos del ánimo, cambios de humor, apatía, abulia y depresión, que pueden llegar a ser intensos. Otras veces el paciente está inquieto y ansioso, a veces eufórico, fabula, dice incoherencias y puede estar desinhibido o tener delirios y alucinaciones, especialmente vespertinas o nocturnas, con insomnio y agitación motora y psíquica, alteraciones en la alimentación, comportamiento sexual inadecuado, que puede variar desde la inhibición a la hipersexualidad, con desinhibición de las pulsiones sexuales: Este estado psicótico, a veces muy pronunciado, que requiere en sí mismo repetidas intervenciones médicas, afecta seriamente la vida del propio paciente, de sus familiares y al entorno que le rodea (25).

Desde el punto de vista del cuidador o cuidadores y de las necesidades sociosanitarias, a lo largo de la evolución de la EA se van perdiendo capacidades para realizar actividades complejas para una vida independiente, como conducir o utilizar el transporte público, gestionar las propias finanzas, cocinar, ir de compras, hacer tareas domésticas o controlar la propia medicación. Cuando la enfermedad está más evolucionada, se pierden las actividades cotidianas básicas como el aseo o bañarse, vestirse, cuidar la boca, ir al baño, subir escaleras o caminar y comer por sí mismo. Estas pérdidas funcionales llevan a una dependencia progresiva que requiere cada vez más cuidados y atención por parte de la familia o cuidadores y la necesidad de un tutor legal que represente al paciente en el control de sus finanzas, temas legales u otros.

El tiempo medio de duración de la EA es de unos nueve o diez años, y la mortalidad se asocia a la rapidez del deterioro cognitivo que, a su vez, se relaciona con la pérdida neuronal, manifestada por la atrofia del hipocampo, y en fases más avanzadas por la atrofia cerebral difusa. Todo esto implica un largo sufrimiento para el paciente y sus familiares, además de un importante coste económico familiar y social, como antes indicamos (1).

1.8. Cómo se diagnostica la EA

El diagnóstico depende de la fase en que se encuentre la enfermedad. Cuanto más avanzada está la enfermedad, y los síntomas son más extensos e intensos, el diagnóstico es más fácil y certero que cuando la enfermedad está en sus inicios.

En las fases de inicio, bien con un DCLa o DCLm, el diagnóstico pude hacerse según los indicado en el apartado donde se aborda esta entidad que, como ya dijimos, puede evolucionar a EA en un porcentaje alto de casos. Una vez establecidos los primeros síntomas del DCL o de la EA, el estudio diagnóstico debe basarse en una correcta anamnesis médica dirigida a detectar problemas de memoria reciente, episódica y autobiográfica, dificultades en la realización de tareas que previamente se realizaban sin dificultad, alteraciones en el lenguaje o trastornos del comportamiento, antecedentes personales y familiares de enfermedad mental, demencia u otras. Muchas veces el paciente niega estas dificultades, o le da poca importancia, o lo considera que son propias de la edad y, como indicamos en apartados anteriores, es importante contar con un informador de confianza que durante la recogida de la historia clínica confirme o contradiga las afirmaciones del paciente. Una vez realizada la anamnesis y con el objetivo de confirmar y cuantificar en lo posible el grado de deterioro cognitivo, podrán realizarse diferentes tipos de pruebas neuropsicológicas, como el Mini Examen Cognitivo también llamado prueba Mini-Mental, el Test del Informador, el T&M, el Test del Reloj, u otros test específicos para determinados dominios cognitivos. Estas pruebas son de fácil aplicación en la consulta habitual del médico, no requieren demasiado tiempo y tienen alta sensibilidad y especificidad para detectar el deterioro cognitivo. Existen pruebas más complejas, habitualmente aplicadas por neuropsicólogos, que requieren más tiempo y especialización para valorar sus resultados y que aportan datos muy precisos sobre el estado cognitivo del paciente, son cuantificables, se relacionan con la gravedad de la enfermedad y son de utilidad en el seguimiento de esta, ya que pueden repetirse en el tiempo. También existen y se aplican en medios especializados determinadas escalas que valoran el estadio de demencia en que se encuentra el paciente, relacionadas con la capacidad para la realización de sus actividades cotidianas. En el momento de valorar estas pruebas cognitivas, hay que tener en cuenta que existen factores como la edad, el nivel cultural y de estudios, los antecedentes familiares y personales de enfermedades mentales y el nivel socioeconómico y profesional del paciente, que influyen en todas las valoraciones cognitivas y su evolución.

Una vez que estas pruebas nos confirman la existencia de una demencia, aunque ya sospechemos la EA, deberán realizarse una batería de pruebas para descartar demencias tratables y que ayudan en su caso a diferenciar entre las distintas demencias degenerativas. Para ello su médico solicitará análisis de sangre, alguna prueba de neuroimagen como TC o RM cerebral u otras que descarten otro tipo de lesiones cerebrales como tumores, procesos vasculares, inflamatorios u otros y que ayuden a establecer el diagnóstico de EA.

En ocasiones, y ante dudas o estadios iniciales de la enfermedad y en niveles asistenciales muy especializados, como son la Unidades de Demencias, pueden realizarse pruebas como el PET cerebral y/o puede estudiarse el LCR para valorar biomarcadores, como los niveles de proteína Aβ y tau, tal y como se explicó en el apartado del DCL y la EA preclínica o en fase de inicio.

Actualmente se están desarrollando estudios sobre la determinación de biomarcadores en sangre que detecten la EA, que serán muy útiles en el diagnóstico de las formas preclínicas, premórbidas o iniciales de la enfermedad, especialmente en sujetos con antecedentes familiares de EA, y posiblemente serán útiles para un seguimiento de la evolución o respuesta a los nuevos tratamientos modificadores del curso de la enfermedad que están por llegar, siempre y cuando estos marcadores tengan una alta sensibilidad y especificidad.

Queremos recordar que, hoy por hoy, el diagnóstico de EA definitiva queda reservado al estudio anatomopatológico del cerebro con las pruebas precisas para demostrar los cambios característicos de la enfermedad antes descritos, realizado después de la muerte del paciente.

Como antes indicábamos, actualmente en España, y según distintos estudios, el diagnóstico de EA se hace tardíamente, pues la mayoría de los pacientes se diagnostican en las fases moderadas con un escaso número de estos en fases leves o de inicio. Se considera que este retraso diagnóstico es debido a desinformación y escasa educación sanitaria de los ciudadanos, especialmente en zonas rurales, tardando entre uno a dos años en buscar atención sanitaria, pues muchas veces se cree que los síntomas son «propios de la vejez». También este retraso puede estar determinado por parte del personal sanitario, que no está suficientemente alerta ante los primeros síntomas de la enfermedad, el inicio insidioso les plantea otros posibles diagnósticos o los interpretan como inicio del envejecimiento, o existe cierta demora en la derivación del paciente desde atención primaria a especializada u otras causas que, efectivamente, retrasan el diagnóstico de las demencias en general.

La OMS y organizaciones internacionales que tratan distintos aspectos de la EA, así como la Estrategia Nacional de Enfermedades Neurodegenerativas, consideran necesario el diagnóstico de la EA lo más precoz posible y lo presentan como un objetivo fundamental en su estrategia.

El diagnóstico precoz de la EA supone una clara mejoría en la asistencia a estos pacientes, pues no solo radica en un tratamiento farmacológico en el inicio de la enfermedad, sino por las implicaciones personales, familiares y sociales que supone su diagnóstico. Su detección precoz permite al paciente tomar decisiones sobre su vida cuando todavía está capacitado para ello, planificar —él y su familia— los cuidados venideros, valorar el sobrecoste económico que supone, iniciar tratamientos que puedan mejorar sintomáticamente la enfermedad y sus consecuencias. Además, al sistema sanitario le permite organizar la asistencia, prevenir complicaciones y apoyar al paciente y a sus familiares, o cuidadores, a lo largo de todo el proceso (23).

Actualmente, en España, en el entorno europeo y occidental, se han desarrollado las Unidades de Demencias, en las cuales se realiza un abordaje integral del paciente con demencia. Están constituidas por un equipo multidisciplinar de neurólogos, psiquiatras, neuropsicólogos, trabajadores sociales, entre otros, y permiten una asistencia coordinada, más cercana, eficiente y centrada en los pacientes y sus familiares, siendo además claves en la investigación clínica de estas patologías.

Cuando hay una alta sospecha diagnóstica, es decir, que existe una alta probabilidad de que nuestro paciente tenga una EA, surge la pregunta de qué tratamiento se administra a un paciente con EA.

1.9. ¿Qué tratamientos administramos a un paciente con EA?

En la actualidad podemos decir que no existe un tratamiento curativo de la EA, pero sí existen un grupo de fármacos sintomáticos (donepezilo, rivastigmina y galantamina) con eficacia muy similar entre ellos y que son útiles en la EA leve o moderada, mejorando los síntomas de la enfermedad durante un tiempo variable que depende de cada paciente. Estos fármacos actúan sobre las capacidades intelectuales, especialmente la memoria, la orientación y las funciones ejecutivas, también sobre algunos problemas de comportamiento, pero en la mayoría de los pacientes van perdiendo su eficacia cuando la enfermedad entra en fases más avanzadas. Estos fármacos son conocidos como inhibidores de la enzima que degrada el neurotransmisor acetilcolina (acetilcolinesterasa), con lo que se produce un aumento de la acetilcolina en el cerebro, que es un neurotransmisor implicado en múltiples funciones cerebrales, especialmente en circuitos de memoria y funciones ejecutivas, así como es básico en el sistema nervioso parasimpático, que participa en la regulación del ritmo circadiano, el sueño, el ritmo cardíaco, el aparato digestivo, en el genitourinario, en el metabolismo, en la temperatura corporal y otras (ver Parte III, apartado «La neurona»).

Otro medicamento sintomático utilizado en la EA establecida es la memantina, que actúa de diferente manera que los anteriores fármacos al ser un antagonista de receptores de N-metil-D-aspartato (NMDA) y, como ellos, también mejora la memoria, el aprendizaje y el comportamiento durante las fases leves y moderadas de la EA. Estos fármacos deben darse en fases iniciales de la enfermedad, para obtener una mayor eficacia, lo que apunta de nuevo a la necesidad de un diagnóstico los más temprano posible de la EA.

Volvemos a indicar que este grupo de fármacos son sintomáticos, es decir, mejoran los síntomas de la enfermedad, pero no actúan sobre sus causas, por lo que no tienen efectos curativos y además solo actuarían en fases leves o moderadas e intentando evitar sus efectos secundarios.

En ocasiones se utilizan medicamentos de uso nutricional para mejorar el rendimiento cognitivo, como el ginkgo biloba, procedente del extracto de las hojas del ginkgo, uno de los árboles más antiguos del mundo. Su utilidad en la demencia sigue siendo controvertida, pues varios estudios realizados en distintas poblaciones muestran resultados poco consistentes. En metaanálisis recientes en pacientes tratados con este producto, se ha observado mejoría en las actividades de la vida diaria, memoria de trabajo y control de los síntomas conductuales, especialmente en casos de demencia leve.

En los últimos años se ha introducido en la práctica clínica un fármaco nutricional que está compuesto de ácidos grasos omega 3, colina, uridina, antioxidantes y vitamina B, y que parece mejorar las conexiones sinápticas neuronales. Estaría indicado, según los ensayos clínicos realizados, en pacientes con EA leve, pues podría mejorar la memoria y la funcionalidad. No estaría indicado en pacientes con EA moderada.

Hay otros productos que se anuncian como fármacos nutricionales para la demencia con cierta capacidad preventiva o mejoría de los síntomas en la enfermedad establecida. Entre otros, tenemos el aceite de coco, el extracto de musgo, las algas con alto contenido en taurina u otros aminoácidos, pues bien, ninguno de ellos ha sido validado científicamente y en algunos casos no han mostrado mejoría respecto al placebo, por lo que no hay ninguna indicación, basada en la evidencia, para su uso.

Existen múltiples líneas de investigación en fármacos que pretenden la mejoría de la enfermedad, incluso su curación, cuando se actúe tempranamente en la fase preclínica o inicial. Estos estudios con fármacos modificadores del curso de la enfermedad van dirigidos a evitar el acúmulo de proteína Aβ y tau, y así impedir su efecto nocivo y la muerte neuronal.

Están en curso varios ensayos clínicos con terapias antiamiloide y antiproteína tau, basados en anticuerpos monoclonales, con la hipótesis de que la reducción de la carga de amiloide puede modificar el curso de la enfermedad, actuando sobre los mecanismos etiopatogénicos, evitando el acúmulo de proteínas anómalas y, consecuentemente, la pérdida neuronal, de sinapsis y la atrofia cerebral.

Mientras escribimos este libro, en Estados Unidos ha sido aprobado un fármaco de este tipo, que disminuye el acúmulo de proteína Aβ, con cierta mejoría en el curso de la enfermedad, retrasando su desarrollo. Está pendiente de su aprobación por las autoridades europeas y españolas. Próximamente tendremos los resultados de varios ensayos clínicos en curso de este tipo de fármacos u otros, lo que supone un horizonte de esperanza en el tratamiento de una enfermedad que hoy en día es incurable y de curso siempre progresivo.

Por otra parte, cuando el paciente con Alzheimer comience a presentar trastornos del comportamiento y anímicos como los antes descritos, debe consultarse a su médico, pues existen tratamientos muy eficaces para controlar estos síntomas tan perturbadores, tanto para el paciente, como para sus cuidadores y entorno.

Tiene interés la utilización de terapias psicológicas basadas en programas de estimulación cognitiva, pues hay evidencia científica consistente de que mejoran la cognición y la calidad de vida de los pacientes, pero estos programas deben ser impartidos por profesionales con experiencia en los mismos, deben realizarse lo antes posible en la evolución de la enfermedad y no sustituyen a otras terapias. Hay muchos programas escritos o con soporte digital de autoaplicación, o bien con ayuda de familiares o cuidadores, pero no están suficientemente validados en cuanto a su eficacia.

Todas estas actuaciones relacionadas con el tratamiento y la prevención secundaria una vez diagnosticada la enfermedad debe realizarse de forma coordinada entre los diferentes niveles asistenciales y sociosanitarios, con un alto apoyo a los cuidadores de estos pacientes, dado la sobrecarga de trabajo, económica y anímica, que soportan, con la máxima siempre de «cuidar al cuidador» como un objetivo clave en todo este proceso (20, 21, 23, 26).

2.10. ¿CÓMO PODEMOS PREVENIR LA ENFERMEDAD DE ALZHEIMER?

Como indicamos en la introducción de este libro, nuestro principal objetivo es proporcionar unas pautas de actuación para evitar enfermedades cerebrales de distinta naturaleza. Por ello nos centramos en aquellas pautas de prevención primaria, es decir, las que pueden ayudar a evitar la aparición de la enfermedad. Estas pautas que abarcan diferentes actuaciones y estilos de vida son siempre a largo plazo y deben ser iniciadas lo antes posible en el curso de la vida, pues sus acciones positivas están en relación inversa a la actuación en el tiempo de los factores de riesgo para desarrollar la enfermedad, por tanto, deben prolongarse en el tiempo para mantener su eficacia.

Existen unos marcadores de riesgo o *factores de riesgo no modificables* para la EA, que son: **la edad,** como se ha indicado previamente es el principal factor de riesgo para la EA, pues a partir de los 65 años se tiene más probabilidad de padecerla y esta probabilidad prácticamente se duplica cada cinco años; **el sexo** es otro determinante, ya que la incidencia es ligeramente mayor en mujeres y la prevalencia es superior respecto a los hombres, dado la menor vida media de estos. Otro marcador de riesgo no modificable son las personas **portadoras del gen APOE** (gen que codifica la síntesis de la apolipoproteína E), pero no todos los portadores de este gen van a desarrollar una EA, pues probablemente existen otros factores ambientales que inducen a los cambios fisiopatológicos que producen la enfermedad; hay una presentación hereditaria o familiar de EA, pero solo ocurre en el 1 % de los casos, y son formas que se inician en edades más tempranas y está relacionada a determinados genes, como APP, PSEN1 Y PSEN2.

Respecto a **la herencia**, usted, estimado lector, se preguntará qué posibilidades tiene de desarrollar esta enfermedad, si tiene un familiar directo afectado, bien sea su padre, su madre o un hermano. Pues bien, actualmente se sabe que una persona caucásica de entre 50 a 55 años sin antecedentes familiares de EA tiene una probabilidad del 10 % de desarrollar demencia antes de los 85 años, sin embargo, si tiene un familiar de primer grado con EA, esa probabilidad se incrementa hasta el 20 o el 25 % de sufrirla. Para los afroamericanos esta probabilidad puede incrementarse hasta el 40 %. Por ello, en estos casos con antecedentes familiares deben implementarse los programas preventivos y motivar positivamente a este grupo poblacional para su cumplimiento.

Los *factores de riesgo modificables* son aquellos que por distintos mecanismos pueden inducir el desarrollo de la EA y sobre los que podemos actuar de forma preventiva. Las principales actuaciones respecto a la prevención de la EA reconocidas hoy en día por la OMS, el Ministerio de Sanidad y la comunidad científica en general, son las dirigidas al control de factores de riesgo modificables, especialmente los factores de riesgo cardio-cerebrovasculares, como son: la hipertensión arterial, diabetes *mellitus,* dislipemias, tabaquismo y abuso de alcohol, hábitos dietéticos, obesidad, sedentarismo y contaminación del aire. Otras actuaciones que toman cada vez más importancia para la prevención de la EA y otras demencias son: detección y tratamiento de la depresión, potenciar el entrenamiento cognitivo y la actividad física, evitar el aislamiento social, mejorar el nivel cultural y mejorar la actividad intelectual de la población general (20, 21, 23). Se cree que la práctica de unos hábitos de vida saludables y los controles de estos factores de riesgos podrían evitar o retrasar uno de cada tres casos de EA (27). Estudios recientes muestran una relación directa entre la progresión del deterioro cognitivo, según la puntuación de la escala de riesgo Framinghan, y diversos factores de riesgo vascular.

En consonancia con el principal objetivo de este libro, que es proporcionar intervenciones para prevenir las enfermedades del cerebro, pasamos a tratar detalladamente los fatores de riesgo y las pautas en el estilo de vida más adecuadas para prevenir el DCL y la EA. El lector atento observará que, en gran medida, los factores de riesgo modificables vasculares son superponibles a los del ictus u otras enfermedades vasculares y la EA, pero en el siguiente texto insistimos en su desarrollo por las connotaciones y particularidades que estos factores muestran en las enfermedades neurodegenerativas.

Los factores de riesgo vasculares cuyo control ayudan a prevenir la EA son similares a otras patologías, como las vasculares, y conllevan un adecuado control de la tensión arterial, del aumento de colesterol, de la diabetes *mellitus,* del tabaquismo y del abuso de alcohol. Esto está en relación con hallazgos anatomopatológicos en muchos pacientes con EA, donde se ha encontrado patología vascular de pequeño vaso, con compromiso de estructuras neurovasculares que podrían inducir o incrementar los cambios patológicos propios de la EA. Esto se traduciría clínicamente en la expresión de un deterioro cognitivo mixto, degenerativo y vascular o demencia mixta.

Las pautas para controlar estos factores de riesgo modificables son las mismas que las indicadas en el capítulo de prevención del ictus y queremos insistir en la necesidad de que esta prevención se realice lo antes posible, especialmente en edades medias de la vida, por lo que es importante la detección precoz de estas enfermedades y la abstención de hábitos nocivos para la salud. Para ello, y como ya apuntamos anteriormente, es de gran importancia la realización de campañas preventivas de salud pública en la población general, no solo en los adultos, sino también en los jóvenes, pues la detección de estos factores de riesgo en estas edades tempranas mejora el control de las enfermedades y su efecto deletéreo sobre el aparato vascular y los trastornos metabólicos a largo plazo.

La Hipertensión Arterial (HTA) es un factor de riesgo para el desarrollo de demencia, y su tratamiento y control es importante en la prevención de la EA. Hay estudios que muestran la progresión del deterioro cognitivo relacionado con la puntuación de Framingham que representa un valor compuesto por varios factores de riesgo vasculares (28).

Como ya indicamos en el apartado de la HTA en la prevención del ictus, la isquemia consecuente con la HTA complicada puede comprometer de distintas maneras al cerebro, tanto como enfermedad vascular de gran vaso como de pequeño vaso, y así mismo este proceso isquémico podría llevar a activar la neurodegeneración a través de distintas vías moleculares, induciendo una proteína Aβ anómala o acúmulo de tau, y además producir déficits neurológicos propios de una demencia vascular, llevando a una suma de ambas o demencia mixta.

Los parámetros de medición de la TA aconsejables son los mismos que los expuestos en la prevención del ictus, y el control de la TA debe realizarse desde edades tempranas. Actualmente se considera que los fármacos antihipertensivos son los únicos aceptados como medicamentos capaces de prevenir la demencia (29).

La Diabetes se considera un factor de riesgo para el desarrollo de demencia y EA. Varios estudios y un metaanálisis que recoge una gran cohorte de individuos mostraron que los pacientes con diabetes tipo 2 tienen un incremento del riesgo de cualquier tipo de demencia. Este riesgo de demencia se incrementa con la severidad y duración de la diabetes y disminuye en los pacientes tratados. Así, en otro metaanálisis se apreció que en los diabéticos tratados con metformina disminuye la prevalencia de deterioro cognitivo comparados con diabéticos no tratados o que tomaban otra medicación, aunque esto no ha sido mostrado en otros estudios posteriores y tampoco parece que el control estricto de la diabetes disminuya el riesgo de demencia (29). En las fases preclínicas de la enfermedad diabética conocida como resistencia a la insulina podría tener relación con el acúmulo de proteína amiloide (21).

Por tanto, y a raíz de estos conocimientos, la prevención y tratamiento de la diabetes es importante en la prevención primaria y secundaria de las demencias, por lo que es clave su diagnóstico y tratamiento precoz.

La Dislipemia es el aumento de colesterol en sangre, y se ha relacionado con mayor riesgo de EA, y parece deberse a factores genéticos ligados al colesterol. Los estudios actuales indican que la LDLc puede ser un factor de riesgo independiente para la EA de inicio precoz (por debajo de los 65 años), y parece no tener relación con la variante genética APOE. Por otra parte, y como ya se indicó en el capítulo del ictus, la dislipemia es un factor de riesgo independiente de la enfermedad cerebrovascular tanto de gran vaso, mediano o pequeño vaso, lo que también incide en el desarrollo de la demencia, tanto de la EA como de la demencia vascular, que en muchas ocasiones cursan conjuntamente.

En recientes estudios se ha mostrado un incremento claro de la probabilidad de desarrollo de EA, tanto de inicio precoz como por encima de 65 años, en individuos con aumento de la LDLc, con una asociación más débil con el colesterol total y sin relación a los valores de HDLc y triglicéridos (30).

Por todo ello, se recomienda el control de las dislipemias desde edades tempranas y especialmente desde las edades medias de la vida, tanto aisladamente como si se asocia a otros factores de riesgo, y para esto nos remitimos a los consejos dados en la prevención del ictus, pero con supervisión de su médico, que será el que le indicará las pautas dietéticas y farmacológicas a seguir.

El Tabaquismo es un importante factor de riesgo para sufrir demencia, y es claramente modificable mediante su abstención. Según la OMS y la Alzheimer's Disease International (ADI), los fumadores tienen un riesgo 45 % mayor de desarrollar demencia que los no fumadores. En una reciente publicación del estudio NEDICES realizado en población del centro de España, se ha mostrado claramente la asociación de tabaquismo crónico con distintos niveles de consumo de cigarrillos, con deterioro cognitivo en personas mayores de 65 años, seguidas durante varios años, observándose también un efecto acumulativo del tabaco en aquellas personas que habían dejado de fumar años antes, siendo el consumo de tabaco independiente de otros factores de riesgo (Sci Rep. 2023 Apr 8;13(1): 5754; doi: 10.1038/s41598-023-32663-9).

El tabaco produce arterioesclerosis que pueden dañar los vasos cerebrales de distinto tamaño, produciendo su estrechamiento y una disminución del flujo sanguíneo cerebral, con la consecuente disminución de oxígeno a las células cerebrales, con los cambios metabólicos que esto supone y la isquemia añadida a los trastornos degenerativos propios de la EA.

El tabaquismo, su prevención y tratamiento de deshabituación, ha sido tratado en el apartado del ictus, y a él nos remitimos, pero insistiendo en que su prevención y abstención es importante en la prevención de las demencias.

A nivel internacional, muchos Estados realizan campañas de concienciación para reducir o evitar el consumo de tabaco, no solo por su contribución a las enfermedades cardiovasculares o a la demencia, sino por su relación directa con la producción de determinados cánceres, sobre todo de pulmón y laringe. Lamentablemente, estas campañas informativas son puntuales, no se mantienen en el tiempo y van dirigidas principalmente a personas jóvenes, sin embargo, su beneficio se observa también en personas de más edad que llevan décadas fumando y que se retiran del tabaco. Dado este beneficio preventivo, cualquier momento es bueno para dejar de fumar, pues además previene todo tipo de enfermedades y mejora la salud cerebral.

Combinación de factores de riesgo cardiovasculares: Existen claras evidencias que apuntan a que la asociación de distintos factores cardiovasculares incrementa el riesgo de demencia más que cada riesgo en sí mismo, y esto está en línea con lo afirmado en el apartado de factores de riesgo del ictus.

Este efecto aditivo de los factores de riesgo se ha mostrado en poblaciones seguidas durante veinticinco años desde la edad de 50 años cuando se incluyeron en el estudio, y además se observó una asociación de atrofia del hipocampo y atrofia cerebral en relación directa a las escalas de gravedad de los factores de riesgo (31).

Esto nos indica la alerta que debemos mantener sobre el control de los factores de riesgo desde las edades medias de la vida, y especialmente cuando estos factores que afectan al sistema cardiocirculatorio se asocian o son aditivos.

Los hábitos dietéticos saludables que podrían prevenir la EA están en gran medida en la base de la salud general del organismo y significa restar alimentos poco saludables y sustituirlos por alimentos saludables. Hay datos que sugieren que la dieta mediterránea, descrita en el apartado de prevención del ictus, sería la más adecuada para mantener la salud cerebral y tendría efectos preventivos sobre la EA. Sobre esta cuestión existen estudios que mostraron un claro beneficio de esta dieta, pudiendo reducir el riesgo de EA hasta un 40 %, aunque estos estudios no han sido replicados (17), y por tanto esta afirmación necesita ser confirmada. Estudios más actuales muestran unos efectos más beneficiosos cuando la dieta mediterránea se implementa con aceite de oliva y nueces (3). Recientemente, esta dieta se complementa con otra denominada DASH (*Dietary Approaches to Stop Hypertension,* en sus siglas en inglés) desarrollada en el instituto de investigaciones de la Universidad de Rush en Chicago, y que tiene como objetivo la prevención cardiovascular y el control de la tensión arterial alta. Es una dieta rica en alimentos con potasio, calcio y magnesio, con reducción en la ingesta de sodio, y recomienda alimentos como granos integrales, frutas, verduras y productos lácteos bajos en grasas saturadas.

Hoy en día se tiende a mezclar esta dieta con la mediterránea en la llamada dieta MIND (*Mediterranean Intervention for Neurodegenerative Delay*, en sus siglas en inglés) desarrollada también en Estados Unidos, donde en distintos estudios se observó una mejora en el rendimiento cognitivo de las personas que seguían esta dieta respecto a sujetos de su misma edad que no la seguían, y también un nivel de funcionamiento cerebral comparable al de personas hasta siete años más jóvenes.

En publicaciones recientes sobre biomarcadores de EA en líquido cefalorraquídeo, neuroimagen y autopsia con estudio cerebral, se ha constatado una relación entre la dieta y la enfermedad de EA, de tal manera que los sujetos que han realizado durante años la dieta mediterránea, o la dieta MIND, tienen menos alteraciones en los biomarcadores o en la neuroimagen y menos carga de proteína Aβ y tau, propias de la EA, en sus cerebros, tanto para los seguidores de la dieta mediterránea como la MIND, indicando un posible efecto   protector de ambas sobre el desarrollo de la enfermedad (https://doi.org/10.1212/WNL.0000000000207176).

La dieta MIND propone unos alimentos que deben tomarse con frecuencia, como: vegetales de hoja verde, judías verdes, frutos secos, lácteos bajos en grasas saturadas, pescado, frutos rojos, aceite de oliva, aves de corral, cereales en grano, y debiendo evitarse o estar limitados: la mantequilla y margarinas, carnes rojas, quesos grasos, así como los fritos y la comida rápida. Hay que evitar bebidas azucaradas, los azúcares añadidos, las carnes procesadas, precocinados, bollería industrial, lácteos azucarados, cereales refinados u otros alimentos altamente procesados (32). Recientemente, existen estudios publicados que han mostrado que los alimentos ultraprocesados, cuando se utilizan abundantemente en la dieta, pueden ser una variable independiente con efectos nocivos, como la disminución de memoria y de las funciones ejecutivas, y pueden acelerar el deterioro cognitivo y la demencia de tipo vascular (33, 34).

Existen datos de estudios que informan de mejorías en el rendimiento cognitivo de personas de edad que consumen abundantes cantidades de frutas y verduras variadas.

Hay metaanálisis que han mostrado que la dieta mediterránea mejora la cognición global respecto a la población, pero no tiene beneficio en el deterioro cognitivo de inicio o en la demencia establecida, y parece que este efecto positivo está relacionado con la protección vascular que conlleva esta dieta (29).

Más recientemente, un estudio multicéntrico realizado en España ha demostrado que la dieta mediterránea mejora la función cognitiva en sujetos con sobrepeso, obesidad o alto riesgo cardiovascular, y la adherencia a la MIND mejoró la memoria de trabajo y no se encontró mejoría en los adheridos a la dieta DASH (35).

Desde hace años la industria alimentaria y la industria farmacéutica se han propuesto intervenciones dietéticas con aportes extras de vitaminas A, B, C, D y E, con ácidos grasos omega 3, ácido fólico, calcio, cobre, zinc, multivitaminas, antioxidantes, hierbas de distintas tipos y otros productos; pues bien, en revisiones sistemáticas realizadas por organismos como la Fundación Cochrane, no se han encontrado evidencias de que estos suplementos preserven la función cognitiva o prevengan la demencia en personas de mediana edad o mayores, ni tampoco previenen la progresión del deterioro cognitivo leve a la demencia (29, 35, 36).

La OMS recomienda una dieta mediterránea para la prevención del deterioro cognitivo y la demencia, pero concluye que no se debe proponer la utilización de suplementos alimenticios con este fin (29). Estos datos hay que ponerlos en el contexto de una posible acción preventiva dentro de una dieta mediterránea flexible y estilos de vida saludables.

Dentro de la dieta se ha hablado y especulado sobre la utilidad de la **cafeína** en la prevención de la EA. Esta sustancia se encuentra en varios alimentos y bebidas, especialmente en el café y el té. Su mecanismo de acción puede tener varias vertientes: tiene efecto antioxidante y antiinflamatorio y podría disminuir, a partir de distintos mecanismos, la producción y acúmulo de la proteína tau junto a otros posibles efectos neuroprotectores. Además, la cafeína mejora la diabetes tipo 2, pues aumenta la respuesta a la insulina y esto a su vez mejora la salud vascular. Por otra parte, la cafeína es estimulante del sistema nervioso central y mejora la atención, la memoria y la actividad motora.

En el año 2007 se publicó un estudio francés realizado en tres ciudades distintas con unos 7 000 voluntarios sanos, tanto hombres como mujeres, y con edades de 65 años o mayores, todos ellos consumidores de cafeína que fueron evaluados a los dos y los cuatro años desde su entrada en el estudio. Las mujeres consumidoras de tres o más tazas de café al día (unos 300 mg o más de cafeína), tuvieron un declinar cognitivo menor, sobre todo a nivel verbal y memoria visuoespacial, que las mujeres consumidoras de solo una taza o menos de café (unos 100 mg o menos de cafeína). Este efecto beneficioso no se encontró en los hombres. Tampoco se encontró que el efecto de la cafeína redujera el riesgo de demencia a los cuatro años de seguimiento (37).

Hay estudios en marcha para valorar el efecto del té verde, polifenoles, arándanos, cacao, etc., para valorar su efecto preventivo sobre la neurodegeneración.

En los ambientes sanitarios se sabe lo difícil que es mantener una dieta a lo largo de la vida, no solo por las dificultades propias de su mantenimiento y adhesión, sino por los cambios culturales, ubicación o modas y la continua insistencia de la publicidad acerca de alimentos que son contrarios a estas dietas y que con frecuencia se venden como productos que mejoran la memoria y la cognición. Debemos reconocer y huir de la publicidad engañosa y con información sesgada, por lo que nos basaremos en estudios y recomendaciones avalados por estudios científicos contrastados.

Estas dietas deben ser controladas por personal sanitario y/o expertos en nutrición, para evitar desequilibrios nutricionales y efectos sobre el peso corporal u otros trastornos.

Aunque evidentemente estas dietas no son curativas de la EA ni de otras demencias, tienen una gran justificación si además de sus beneficios cardio-cerebrovasculares proporcionan un retraso importante en la aparición de estas enfermedades.

Creemos que este tipo de dietas, especialmente la mediterránea en nuestro entorno, deben potenciarse desde la infancia, creando una cultura alimenticia teórica y práctica promovida desde la enseñanza y el ambiente familiar, proclive a un mantenimiento de la salud y la prevención de enfermedades vasculares, neurodegenerativas y otras como el cáncer.

El Alcohol. Dentro de los hábitos alimenticios, merece abordar el consumo de alcohol por lo extendido a lo largo del mundo y especialmente enraizado en nuestra cultura, tan habitual en nuestra ingesta diaria y presente en las relaciones sociales.

Según el Observatorio Español de las Drogas y las Adicciones (Ministerio de Sanidad y Consumo) en su informe del año 2021, cerca del 9 % de la población española consume alcohol diariamente, con 14,2 % en los hombres y un 3,4 % en las mujeres, y se hace más presente conforme se aumenta la edad, siendo la cerveza la principal bebida alcohólica consumida, seguida por el vino. En este mismo informe se indica que el consumo de riesgo de alcohol entre los 15 a 64 años es del 4,2 % del total de la población, lo que supone alrededor de 1 300 000 consumidores —1 000 000 de hombres y 300 000 mujeres— (https://pnsd.sanidad.gob.es/).

El alcohol actúa como una neurotoxina que afecta a determinadas áreas cerebrales, especialmente el hipocampo, con el consecuente trastorno de memoria y otros problemas cognitivos que progresivamente pueden llevar a la demencia alcohólica, si existe un importante abuso mantenido en el tiempo. Además, el alcohol afecta a otros órganos, como el hígado, el páncreas, el corazón. Se relaciona con ciertos tipos de cáncer, aumenta la tensión arterial, incrementa el riesgo de ictus, aumenta el peso corporal y contribuye a la obesidad. Por otra parte, el consumo excesivo de alcohol produce dependencia o adicción con todas las implicaciones para la salud física y mental del paciente alcohólico y los problemas en las relaciones familiares, laborales y sociales que el alcoholismo conlleva.

El consumo de alcohol no debe sobrepasar de unos 24 g/día (unos 170 g/semana) y por debajo de estas cifras se ha visto en distintos estudios que disminuye el riesgo de demencia. En estudios realizados con miles de participantes durante más de dos décadas seguidas, se observó un aumento del riesgo de demencia de un 17 % para los que ingerían más de 168 g/semana respecto a los que ingerían menos de 112 g/semana (29).

Mucho se ha dicho y escrito sobre los beneficios del vino tinto en la prevención de enfermedades vasculares y de la demencia por los posibles efectos beneficiosos vasculares que tienen ciertos componentes de vino tinto, como los polifenoles, especialmente el resveratrol, que se encuentra en la piel de las uvas que fermentan con el vino. Estos polifenoles tienen efectos antioxidantes, protegen el revestimiento de los vasos sanguíneos, reducen el colesterol LDL, pueden proteger de la formación de coágulos y disminuyen la respuesta inflamatoria. Los polifenoles se encuentran también en los frutos rojos que, junto con las antocianinas, son los componentes más activos en el sentido de protección vascular. Pero hay que señalar que más vino tinto no significa más protección, y las evidencias suponen que unos dos vasos de vino para los hombres y uno para las mujeres son las dosis diarias que no deben sobrepasarse para mantener un adecuado equilibrio beneficio/riesgo. Por otra parte, las recomendaciones de distintos estudios actuales, de organismos institucionales de salud y de distintas asociaciones médicas, es que no existe ninguna cantidad de alcohol que tenga efectos beneficiosos sobre nuestra salud, por lo que hay una nueva tendencia en el mundo sanitario que plantea la eliminación del alcohol en nuestra dieta.

La Contaminación o Polución del aire se ha relacionado con enfermedades pulmonares y cardiovasculares y también con el desarrollo de la demencia, así como una disminución de la esperanza de vida de varios meses hasta dos años. Se ha encontrado en distintos estudios que la contaminación puede disminuir el rendimiento cognitivo. Determinadas enfermedades neurodegenerativas como la enfermedad de Alzheimer o la enfermedad de Parkinson podrían verse agravadas por la contaminación (8).

En un estudio canadiense controlado, se observó que las personas que vivían a menos de cincuenta metros de una carretera concurrida tenían más riesgo de desarrollar demencia. Se han realizado estudios sistemáticos que han reunido trece estudios longitudinales de hasta quince años de seguimiento y han mostrado que la exposición a los contaminantes referidos estuvo relacionada con un incremento del riesgo de demencia (38).

Los efectos de la contaminación se han estudiado en modelos de animales, observándose que las partículas contaminantes en el aire aceleran la neurodegeneración inducida por procesos vasculares que afectan al cerebro, al incremento del depósito de proteína Aβ y otras posibles vías.

La alta concentración de monóxido de carbono (CO), dióxido de nitrógeno (NO_2) y partículas finas PM 2.5 procedente de la quema de combustibles fósiles principalmente debido al tráfico, la industria y las calefacciones, se asocian a una mayor incidencia de demencia, pudiendo existir un efecto aditivo entre estos productos contaminantes. Dentro de las partículas PM 2.5, las ultrafinas, con diámetros inferiores a las 0,1 micras, pueden alcanzar el flujo sanguíneo a través de los pulmones y desde allí llegar y penetrar en el sistema nervioso y otros órganos.

Recientemente la Agencia de Seguridad Sanitaria del Reino Unido (UK Health Security Agency: https://www.gov.uk/government/organisations/uk-health-security-agency) ha publicado un informe en el que después de la revisión de setenta estudios epidemiológicos en distintas poblaciones humanas se ha encontrado una relación entre la contaminación atmosférica y la disminución de la capacidad mental y la demencia en personas mayores. Esto podría producirse por la acción directa de la micropartícula PM 2.5 que, como antes indicamos, actúan sobre los vasos sanguíneos que, al igual que afectan a otros órganos como el pulmón y el corazón, afectarían también al cerebro, produciendo una demencia de tipo vascular.

Es por esto de la importancia de una concienciación individual, social y de los gobiernos, a sus distintos niveles, para evitar en la medida de lo posible, con la ayuda de las nuevas tecnologías de producción energética y otras actuaciones, la contaminación del aire por estas sustancias, que tanto daño está produciendo en nuestro organismo y en todos los ecosistemas en general.

La Obesidad y el Control del peso pueden tener relación con la demencia y la mejora cognitiva. Así, en una revisión de diecinueve estudios longitudinales que incluyeron casi 700 000 personas entre 35 a 65 años, seguidas hasta cuarenta y dos años, mostró que la obesidad estaba asociada al desarrollo de demencia en la vejez (39). Por otra parte, en un metaanálisis de estudios que aportaron 1,3 millones de personas con sobrepeso en estudios de demencia preclínica, la obesidad se asoció a un incremento del riesgo de demencia (40). También, en distintos estudios, se observó una mejora de la atención y la memoria con la disminución del peso corporal, pero con un seguimiento escaso durante unas semanas, por lo que se desconoce su efecto a largo plazo.

El sobrepeso se define como un aumento del Índice de Masa Corporal (IMC), que se calcula tomando el peso en kilogramos y dividiéndolo por el cuadrado de la altura en metros. Si el resultado del IMC está por encima de 25, se considera sobrepeso, y esto alerta sobre el posible desarrollo de obesidad. El sobrepeso y la obesidad están relacionados con otros factores de riesgo vascular como la hipertensión y la diabetes, así como dietas poco saludables y sedentarismo. Todos estos factores pueden ser sumatorios en la producción de daño vascular e inducir en este sentido deterioro cognitivo y demencia, como se indicó en apartados anteriores.

Por todo ello, es preciso el control del peso a lo largo de la vida y tratar la obesidad cuando se presente, lo que a su vez supone controlar y tratar los otros factores de riesgo. Hay que tener amplitud de miras en un tratamiento multifactorial y holístico del paciente, siempre dirigido por los profesionales de la salud correspondientes.

La Depresión en las etapas medias y tardías de la vida a veces puede plantear problemas diagnósticos con la propia demencia, pero también puede estar presente como un síntoma más de la EA o de otras demencias. Se considera que, en sí misma, la depresión es un factor que puede aumentar el riesgo de padecer demencia, especialmente cuando esta se presenta en edades medias de la vida (29). En muchas ocasiones los síntomas depresivos pueden aparecer en la fase prodrómica de la demencia.

En distintos estudios y metaanálisis (41, 42) se ha mostrado que la depresión es un riesgo para la demencia, aumentando el riesgo relativo entre un 1,5 a 2 veces, especialmente cuando esta aparece o se mantiene en etapas avanzadas de la vida. Hay dudas sobre si los pacientes tratados de depresión disminuyen el riesgo de demencia respecto a los no tratados, aunque hay estudios que sugieren que su tratamiento con los conocidos inhibidores selectivos de la recaptación de serotonina (ISRS) podrían retrasar la aparición de la demencia o en su caso disminuir su progresión (29).

Actualmente hay una firme recomendación en el diagnóstico y tratamiento precoz de la depresión por sus repercusiones en la salud de la población en general, en la calidad de vida de los pacientes y sus efectos económicos y sociales. Es también importante estar atento al inicio de los primeros síntomas de depresión en edades medias y tardías, por su posible implicación como un factor de riesgo más para el desarrollo de demencia o como primer síntoma de un deterioro neurodegenerativo.

La Disminución de la Audición es un factor a tener en cuenta, pues se ha observado un incremento del riesgo de demencia en personas que sufren sordera. En varios metaanálisis se ha encontrado que este incremento puede ser de casi dos veces en aquellas personas que tienen una disminución de audición por debajo de 25 dB (decibelios) y se ha observado un mayor déficit cognitivo cuando aumenta la sordera.

La pérdida de audición puede ayudar al deterioro cognitivo por el déficit de estimulación sensorial y el aislamiento en las relaciones familiares y sociales que su pérdida supone, y se ha mostrado que la mejora de la audición puede proteger contra este declinar. La utilización de audífonos que mejoran la audición actúa como un claro factor de protección a la larga, tanto en su acción preventiva como protectora, una vez iniciado el deterioro cognitivo (29).

Por todo ello es recomendable la revisión periódica de la audición para detectar posibles déficits auditivos y su corrección por los efectos preventivos y la mejora de la calidad de vida que esto supone.

Los Traumatismos Craneoencefálicos (TCE) pueden ser de distinta intensidad, siendo leve en el caso de la contusión cerebral y grave cuando hay fractura de cráneo, edema cerebral, sangrado intracerebral o pérdida de sustancia cerebral. El TCE es causado por accidentes de tráfico, deportes —especialmente el boxeo—, caídas, agresiones, impactos de bala u otras múltiples acciones lesiva. Cuando estas lesiones afectan al tejido cerebral pueden llegar a producir, por distintos mecanismos, un aumento y depósito de la proteína tau con efectos similares a la fisiopatología de la enfermedad de Alzheimer.

Las personas que han sufrido estos TCE únicos o múltiples tienen más posibilidades de sufrir una demencia, llegando a ser este riesgo hasta dos veces superior, o incluso más, en casos de traumatismo severos, respecto a aquellos que no lo padecieron.

Existen múltiples estudios que han mostrado una clara relación entre los TCE y el riesgo de padecer EA, que a su vez se incrementa con la severidad del traumatismo y/o con los traumatismos múltiples (29, 43).

Es evidente que la acción preventiva está en evitar los TCE en sus distintas modalidades, como accidentes laborales o de tráfico, deportes de riesgo, caídas, etc., y esto debe relacionarse con campañas preventivas en los distintos ámbitos donde se producen estos traumatismos.

El Nivel Educativo se ha descrito, desde hace tiempo, como un factor relacionado con el desarrollo de demencia y ha sido especialmente ilustrado en la EA. A mayor nivel educacional y académico adquirido en las primeras décadas de la vida, menor probabilidad de tener EA. Esto se relaciona probablemente con la reserva cognitiva adquirida a lo largo de la vida y que puede retrasar el inicio de la EA tanto como su gravedad.

Como antes indicamos, existen datos que apuntan a que el estímulo educacional es más beneficioso en fases precoces de la vida, cuando el cerebro desarrolla su máxima plasticidad. Se sabe que las personas que en su juventud adquieren niveles de formación importantes con actividades cognitivamente estimulantes a lo largo de su vida, les permite mantener una reserva cognitiva posiblemente protectora (44, 45).

Estos estudios son coherentes con otros estudios que han mostrado que actividades como la lectura, la música, el arte, la actividad física, las relaciones sociales, los viajes, conversar y mantener un segundo idioma o más y otras actividades, se asociaron con un mejor mantenimiento de la cognición, especialmente cuando se realizaban y mantenían desde las etapas medias y avanzadas de la vida.

Se ha investigado si las profesiones más exigentes intelectualmente protegen más contra el deterioro cognitivo, y en varios estudios se ha mostrado que las profesiones que requieren mayor demanda intelectual tienden a presentar menor deterioro cognitivo. También parece que un retiro profesional o jubilación más tardía protege del deterioro cognitivo, aunque no se relaciona con los años trabajados. Se ha observado que, en países con edades de retiro más jóvenes, al menos respecto a países con edades más avanzadas, el rendimiento cognitivo medio empeora cuanto más precoz es la edad del retiro.

Por tanto, hay firmes datos que apoyan que la actividad mental en sus múltiples vertientes, y una sólida formación educacional e intelectual adquirida en edades precoces y mantenida a lo largo de la vida, es claramente protectora respecto al deterioro cognitivo y su forma más frecuente, como es la EA (29).

La Estimulación Cognitiva. En la actualidad existen múltiples programas de estimulación cognitiva que están basados en ejercicios de distinto tipo que intentan actuar sobre áreas cognitivas, como la atención y concentración, la memoria de trabajo, la memoria visuoespacial, la velocidad de procesamiento, el razonamiento y otras estrategias útiles de la memoria, así como programas para la mejora y mantenimiento de las actividades instrumentales y básicas de la vida diaria. Estos ejercicios de estimulación pueden presentarse en un formato convencional de papel y lápiz o pueden tener un soporte digital, necesitando de computadora para poder realizarlos.

Hay pocos estudios que hayan evaluado con metodología científica actualizada la utilidad de los programas de entrenamiento cognitivo en la prevención de la EA u otras demencias, entre otras razones por la falta de ensayos clínicos bien diseñados y el alto nivel de sesgos que presentan los estudios hasta ahora realizados. Esto impide un acercamiento fiable, consistente y con suficiente base científica, a este tema controvertido y de creciente interés en la actualidad.

Actualmente hay distintas líneas de investigación en programas de diagnóstico precoz y entrenamiento cognitivo en soporte digital con un futuro prometedor en este sentido, siempre que puedan aplicarse en casos seleccionados y controlados por personal experto en esto temas.

De las publicaciones analizadas, se desprende que el entrenamiento cognitivo en adultos mayores parece proteger contra el deterioro en el dominio cognitivo específico que se entrena, pero no aporta otros beneficios cognitivos o funcionales más extensos. Esto significa que la mejora será en la memoria de trabajo, en el razonamiento, en la memoria visoespacial, procedimientos instrumentales u otros, según lo que estimulemos o entrenemos. No hay suficiente evidencia de que estos entrenamientos eviten el deterioro cognitivo tanto para los programas convencionales como para los de soporte digital (45, 46, 47, 48). Por ello, aconsejamos prudencia ante la ola de «entrenamiento cerebral» que se publicita por muchos medios. Y antes de iniciar un determinado programa, hay que consultar con los profesionales de este campo.

En DCL amnésico existe algún estudio controlado de estimulación cognitiva que ha mostrado una disminución del deterioro de la memoria. Distintos metaanálisis de estudios de diversas calidades ponen en duda o muestran ligeros efectos positivos de la estimulación cognitiva en individuos que muestran síntomas de DCL (29).

Por tanto, no existen evidencias para recomendar de forma general la utilización de estos programas tanto en su formato clásico de papel y lápiz como en los programas digitales en adultos mayores de la población general, para reducir el riesgo de deterioro cognitivo, y existen dudas de su utilidad cuando este se ha iniciado. Así mismo, se requiere una información correcta a la población que evite una sobreconfianza en estos métodos y potenciar la educación para interpretar la publicidad y propaganda de estos programas.

Es de esperar que en los próximos años se desarrollen estudios con población suficiente, con métodos adecuados, tiempo de seguimiento a largo plazo y análisis de datos correctos, que nos permitan tener una opinión más precisa y basada en evidencias científicas sobre este controvertido tema y plantear estrategias de estimulación cognitiva basada en programas de diferentes diseños, con evaluación continuada y aplicación personalizada (48).

Siguiendo las directrices de la OMS, en lo que respecta a la estimulación cognitiva, lo que recomienda es una adecuada educación de calidad, especialmente en poblaciones jóvenes y fomentar las actividades intelectuales a lo largo de la vida de las personas (49).

El Ejercicio Físico es fundamental para mantener un buen estado de salud en general, pues como hemos indicado previamente, su realización sirve para mejorar o tratar algunos de los factores de riesgo que actúan sobre el desarrollo de la demencia, como son la HTA, la diabetes, el colesterol, el sobrepeso y la obesidad, entre otros.

Un tema diferente es si el ejercicio físico, en sí mismo, puede ayudar a prevenir el deterioro cognitivo y si hay evidencias convincentes de que su realización prevenga la EA. Esto es difícil de valorar, ya que el propio ejercicio físico y sus características cambian con la edad, las modas, el sexo, las clases sociales y la cultura.

Estudios como el HUNT o el Whitehall en personas jóvenes y adultos sanos con un amplio seguimiento en años, han mostrado que una actividad física semanal de unos 150 minutos, de moderada a vigorosa, puede tener cierto efecto protector sobre el deterioro cognitivo y/o mejorar la cognición en general en personas sanas. Así mismo, se ha demostrado que la inactividad aumenta el riesgo de EA (50, 51, 52).

Del interés que hay en este tema, se desprenden dos recientes metaanálisis que apoyan el efecto beneficioso no solo en adultos sanos, sino también en pacientes con deterioro cognitivo leve (53, 54).

La OMS considera y recomienda firmemente la realización de ejercicio, especialmente aeróbico, en el adulto sano como medio de protección discreto para prevenir el deterioro cognitivo (Plan de acción Mundial sobre Actividad Física 2018-2030. https:// apps.who.int/iris/handle/10665/327897).

El Contacto Social es importante para la prevención del deterioro cognitivo. Nuestro cerebro está diseñado para mantener un contacto continuado con el ambiente que nos rodea, especialmente con los seres humanos cercanos, es decir, nuestro entorno social. Somos sociables por naturaleza, tendemos a formar parte de un grupo que tiene creencias, valores, costumbres y tradiciones que se comunican de unos a otros y pasan de generación en generación. La interacción con nuestros iguales incrementa la reserva cognitiva y nos mantiene activados los distintos dominios cognitivos, estimula los sentidos, las emociones, así como los sentimientos de cercanía y pertenencia a un grupo social.

A lo largo de las distintas culturas, las personas, en la edad media de la vida, suelen vivir en familia y mantienen contacto con sus amigos, compañeros de trabajo y entorno social. Según va transcurriendo la vida, y por la inherente transitoriedad de las cosas y sucesos vitales, vamos perdiendo parte de nuestra familia y personas de referencia en nuestra biografía, y nuestro círculo social se va adelgazando progresivamente. Además, por la propia vida media de la población, las mujeres suelen perder a su pareja con más frecuencia que los hombres, por lo que la pérdida de este contacto aumenta la probabilidad de soledad y aislamiento social de esta población femenina. Las viudas y viudos son más propensos a la deprivación de contacto social que las parejas que permanecen. Se ha mostrado que las personas de edad avanzada expuestas a una deprivación de relaciones sociales y soledad tienen mayor riesgo de depresión, deterioro cognitivo y demencia.

Una revisión sistemática en más de 800 000 personas de todo el mundo mostró un incremento de demencia en solteros y en viudos en comparación con personas casadas. Esta asociación se mantuvo en distintos contextos socioculturales e independiente del sexo, estado de salud física o nivel económico y cultural (55).

Un metaanálisis de cincuenta y un estudios longitudinales que siguieron a más de 100 000 personas de más de 50 años, durante un periodo de dos a veintiún años, encontró que en las personas que conservaban a lo largo de su vida un buen contacto social, medido a través de actividades sociales y mantenimiento de una red social, presentaban una mejor función cognitiva en la vejez, independientemente del sexo y del tiempo de seguimiento (56). Otro metaanálisis encontró, en seguimientos de más de diez años, que unas buenas relaciones sociales son moderadamente protectoras de demencia, pero que no estaba relacionada con la soledad (57).

Estudios realizados en Reino Unido y Japón, y publicados en los últimos años, concluyen en la misma dirección, y apoyan que la interacción social realizada de distintas maneras y en distintas culturas es consistente con una protección, al menos moderada, respecto al desarrollo del deterioro cognitivo.

Estas evidencias dan soporte a la actitud, cada vez más extendida en nuestra sociedad, de potenciar los contactos sociales de muy diversos tipos a lo largo de la vida, y especialmente en las edades medias y avanzadas, como una forma eficaz de prevenir el deterioro cognitivo, porque además del disfrute vital que esto supone nos ayuda a mantener un buen estado de ánimo y nos proporciona una amplia riqueza de emociones y experiencias que hacen más agradable el paso por la vida.

Por ello la importancia del compromiso de la sociedad civil y las distintas instituciones públicas y privadas en potenciar y facilitar las relaciones sociales, con especial incidencia en las edades avanzadas, como fórmula eficaz en la ayuda a prevenir el deterioro cognitivo.

El Sueño. Todos sabemos que es absolutamente necesario dormir, y que si nos impiden dormir se llega a alteraciones cognitivas y fisiológicas graves, que en animales de experimentación llega a provocar la muerte. También sabemos que dormimos para descansar, recuperarnos del cansancio y prepararnos para la vigilia de las horas siguientes. El sueño tiene unas funciones fisiológicas específicas, aún no bien conocidas en su totalidad, que lo diferencia claramente del descanso. Podemos estar ocho horas descansando despiertos en la cama, pero no será lo mismo que un sueño reparador de las mismas horas.

A lo largo del sueño, el cerebro tiene importantes cambios metabólicos que posiblemente produzcan modificaciones estructurales respecto a conexiones interneuronales, con una acción sobre los mecanismos de la memoria. Hay observaciones que sugieren que durante el sueño se produce una reorganización y consolidación de los recuerdos. También es posible que tenga efectos reparadores y de mantenimiento de otras estructuras y circuitos cerebrales, especialmente entre la corteza prefrontal y el hipocampo, mejorando sus conexiones y estimulando la plasticidad neuronal.

Las investigaciones sugieren que la necesidad de sueño reparador varía bastante de unas personas a otras, pudiendo estar entre 5 a 10 horas por noche. La mayoría de los adultos duermen entre 6,5 a 8,5 horas, siendo distintas las necesidades en las diferentes etapas de la vida, disminuyendo su necesidad conforme nos hacemos más mayores. Dormir unas 7 horas al día es la cantidad mínima que se aconseja para mayores de 18 años. Sin embargo, según la Sociedad Española de Neurología, un 25 % de los españoles duerme menos de estas horas, y unos 1,7 millones duerme menos de 6 horas al día, con las consecuencias negativas para la salud que esto conlleva.

El sueño tiene distintas fases sucesivas, comprendidas en el llamado sueño REM (*Rapid Eye Movement*: «Movimiento Rápido de los Ojos») y el sueño no REM. El sueño no REM ocupa el 75 % del sueño nocturno y el 25 % restante lo ocupa el sueño REM. Durante estas distintas fases ocurren cambios fisiológicos importantes en la respiración, el ritmo cardíaco, la movilidad corporal, y es en la fase REM donde se producen los sueños o ensoñaciones que tanto nos han llamado la atención y han sido objeto de análisis, desde distintas perspectivas, a lo largo de la historia de la humanidad. En las distintas fases del sueño el cerebro cambia sus ritmos eléctricos, variando las características de las distintas ondas cerebrales que pueden recogerse mediante un electroencefalograma realizado durante el sueño (95).

Según datos de la Sociedad Española de Neurología, entre un 25 y un 35 % de la población adulta padece insomnio transitorio que dura menos de siete días, o el de corta duración, que dura menos de cuatro semanas, y entre un 10 y un 15 %, es decir, 4 millones de españoles sufren insomnio crónico (https://www.sen.es/saladeprensa/pdf/Link365.pdf. Link182.pdf).

Varios estudios y metaanálisis han mostrado que individuos mayores sin deterioro cognitivo, y después de largos seguimientos, que un mal sueño crónico, definido en relación con su cantidad y calidad, aumenta el riesgo de EA. Existen datos acerca del papel de las alteraciones del sueño en la génesis de la demencia, pues se ha relacionado con un mayor depósito de proteína Aβ, aumento de proteína tau, hipoxia, inflamación y otras (58). Sin embargo, un exceso de sueño puede tener también efectos perjudiciales. Por otra parte, es sabido que los trastornos del sueño de diferentes tipos e intensidad puede preceder como un síntoma, durante varios años, el desarrollo de una demencia (59, 60, 61).

La extendida utilización de distintos tipos de hipnóticos, especialmente las benzodiacepinas, en la población general y en la de edad avanzada, con el objetivo de mejorar el sueño durante largas temporadas, se ha asociado con un incremento del riesgo de demencia, además de potenciar la facilidad para las caídas de las personas mayores o provocar trastornos conductuales o cognitivos y el aumento de los ingresos hospitalarios. Actualmente los trastornos patológicos del sueño deben tratarse por personal especializado en estas patologías, especialmente el insomnio crónico, utilizándose terapias cognitivo-conductuales o tratamientos farmacológicos en los casos que lo precisen, pero siempre guiados por personal experto en estas patologías (https://www.sen.es/sala-deprensa/pdf/Link157.pdf).

La National Sleep Foundation americana aconseja un sueño de 7 a 9 horas para adultos entre 18 y 64 años y de 7 a 8 horas para mayores de 65 años, aunque siempre deben tenerse en cuenta variaciones entre las personas respecto a sus necesidades.

Durante el envejecimiento se producen cambios en la calidad y cantidad del sueño, con dificultades más o menos intensas en la adquisición del sueño (insomnio de conciliación), despertares frecuentes (sueño fragmentado), facilidad para despertarse, reducción del sueño de ondas lenta (no REM) y alteraciones en la relación de las fases REM/no REM. Estos cambios en el sueño pueden producir consecuencias adversas como: somnolencia diurna, falta de concentración, aumento de las siestas diurnas, incremento de los problemas de memoria, depresión del ánimo, y otras. Esto obliga a mantenernos alerta sobre estos trastornos ya que su cronicidad puede llevar a las consecuencias patológicas antes apuntadas.

Nuestro ritmo circadiano de vigilia-sueño tiene un tiempo de unas 24 horas. Durante la tarde-noche, con la oscuridad, notamos sensación de somnolencia, que nos lleva a conciliar el sueño, al cabo de unas 8 horas de sueño nocturno nos es difícil seguir durmiendo, coincidiendo habitualmente con la luz diurna. Solemos tener un periodo de somnolencia fisiológica al mediodía, lo que lleva en muchos sujetos a realizar una siesta en general después del almuerzo, que no debe durar más de 30 minutos para no perjudicar el sueño nocturno. Con la edad, especialmente después de los 40 años, el ritmo circadiano empieza a tener disfunciones que pueden llevar a las distintas alteraciones en la calidad y cantidad del sueño.

Es conveniente establecer una higiene del sueño lo antes posible en el curso de la vida, ya que puede evitarnos una alteración crónica del mismo de difícil tratamiento. Con este objetivo, siguiendo las recomendaciones de la Sociedad Española del Sueño y de la World Association of Sleep Medicine (https://ses.org.es/; https://wasmonline.org/) se indican algunos de los puntos de la higiene del sueño:

1. Mantener un horario regular, acostándose y levantándose a la misma hora, evitando los cambios del fin de semana, y variaciones horarias excesivas. Si una vez en la cama no se concilia el sueño al cabo de 15 o 20 minutos se aconseja levantarse y relajarse en otro lugar cómodo, hasta que aparezca la somnolencia, momento en que debemos volver a la cama.

2. No realizar en la cama tareas que impliquen actividad intelectual como leer o que utilizan luces intensas como ordenador, móvil, o ver la TV.

3. El dormitorio debe estar libre de ruidos y luz, utilizar colores relajantes y mantener una temperatura adecuada.

4. No ingerir cenas copiosas o con abundantes grasas o picantes y cenar suavemente, al menos unas dos o tres horas antes de ir a dormir.

5. Evitar la ingesta de alcohol, café, té o chocolate entre 4 a 6 horas antes de ir a dormir.

6. Si hay somnolencia diurna, especialmente después de almorzar, tomar una siesta no superior a 45 minutos.

7. Hacer ejercicio de forma regular y ordenado en horario, pero no antes de ir a acostarse. Conviene que pasen unas horas desde el ejercicio, sobre todo si es intenso.

8. Si toma algún medicamento hay que tener en cuenta que algunos fármacos pueden alterar el sueño, debiendo consultar esto con su médico o farmacéutico.

9. Debe estar en la cama con ropa cómoda, que no comprima su cuerpo y la ropa de cama debe ser suave y relajante.

10. Reservar la cama para dormir y el sexo, evitando sus usos para trabajar u otras actividades.

Este decálogo de sugerencias para mantener un buen sueño nocturno, como antes decíamos, debe aplicarse a lo largo de toda la vida y ser más estricto cuando empiezan a aparecer alteraciones del sueño más o menos severas.

La Meditación. En las últimas décadas se ha extendido en la sociedad occidental diversas formas de meditación, procedentes en su origen de culturas asiáticas. En nuestro medio han recibido atención entre otras funciones por su posible capacidad de proporcionar actitudes saludables para el cerebro.

La meditación podríamos definirla como un conjunto de prácticas de tipo contemplativo para conseguir un mayor conocimiento del sí mismo y de la relación con el entorno, y con el objetivo, entre otros, de lograr estados de calma y bienestar psicofísico. Hay muchos tipos de meditación con distintas técnicas para conseguir esos fines.

Aquí nos centraremos en la meditación conocida como *mindfulness,* que puede traducirse como «conciencia plena» y que se ha convertido en una práctica meditativa muy extendida en nuestro entorno y utilizada en distintos ámbitos profesionales, sociales o individuales. Hay una amplia bibliografía e información en Internet sobre las bases teóricas y distintas prácticas del *mindfulness.* Aconsejamos para aquellos que quieran informarse en estas prácticas el libro para principiantes de Jon Kabat-Zinn (62).

El *mindfulness* tiene como objetivo concentrarse en el momento presente: vivir el aquí y el ahora, tomando conciencia de nuestra relación con nosotros mismos y con nuestro entorno, entrenando especialmente la atención. Se atiende a los estímulos internos y externos tal como emergen, sin juicio ni oposición, con un fluir entre su reconocimiento, la aceptación y su desaparición en nuestra conciencia. Hay distintas técnicas, como la atención en la respiración, que es la más utilizada, para alcanzar la «conciencia pura», con pensamientos libres de contenidos o sin ellos.

Estas prácticas son un largo camino y para obtener los beneficios de la meditación se requiere tiempo y disciplina que, sumado a los conceptos abstractos en los que se mueve su práctica mental y sus bases teóricas, dificulta su mantenimiento en el tiempo, especialmente en edades avanzadas.

Hay suficientes estudios que muestran beneficios en la función y en la propia estructura del cerebro. La práctica continuada de la meditación mejora el rendimiento cognitivo, especialmente la atención, la memoria, la fluidez verbal, la velocidad de procesamiento mental y la capacidad de aprendizaje (63). También nos ayuda a controlar el estrés a través de un enfoque menos reactivo y más tranquilo sobre los problemas de la vida diaria, lo que también frena las reacciones de alerta y amenaza, que son situaciones productoras de adrenalina y cortisol, con los correspondientes beneficios sobre el sistema cardiovascular, especialmente la tensión arterial. Por otra parte, hay datos que indican que la meditación puede revertir o impedir la inflamación crónica cerebral por incremento de la respuesta inmune ante el estrés.

En cuanto a las mejoras estructurales del cerebro que se producen en las personas que practican la meditación, se ha observado, con técnicas de resonancia magnética, que aumenta el grosor de la corteza hipocampal relacionada directamente con la memoria y otras áreas de la corteza cerebral, indicando un posible efecto protector sobre del proceso degenerativo fisiológico con el envejecimiento normal (64).

Sin embargo, no hay datos evidentes en la actualidad de que la meditación mejore o enlentezca el proceso del deterioro cognitivo una vez iniciado y, aunque hay esperanzas en este sentido, requiere investigaciones más concluyentes antes de que estos métodos meditativos puedan ser aconsejados como un abordaje terapéutico no farmacológico en la prevención del deterioro cognitivo, tanto en el DCL leve como en la demencia leve-moderada.

Hasta aquí, hemos repasado aquellos factores de riesgo cuyo control puede evitar la aparición o retrasar el desarrollo del DCL y/o EA, y también hemos apuntado las intervenciones individuales y sociales que pueden ser positivas en este campo multifactorial de la prevención de las demencias.

En la Tabla 2 resumimos las recomendaciones más importantes señaladas en este capítulo.

Tabla 2
Estrategias recomendadas para reducir el riesgo de demencia

1. Estrategias individuales:

*Controlar la tensión arterial con presión sistólica <130 mmHg desde edades medias de la vida.

*Controlar otros factores de riesgo vascular, como la diabetes *mellitus* y las dislipemias.

*Abstención de tabaco y drogas.

*Abstención de alcohol o consumo moderado no superando los 24 g/día.

*Mantener una dieta saludable como la dieta mediterránea o las otras indicadas.

*Control del peso y evitar la obesidad.

*Evitar los traumatismos craneoencefálicos en actividades de alto riesgo profesionales, deportivas o de ocio.

*Detección precoz de déficit auditivo y su tratamiento.

*Realizar ejercicio físico.

*Mantener una buena higiene del sueño a lo largo de la vida.

2. Estrategias poblacionales:

*Priorizar la educación infantil y juvenil, con extensión a toda la población.

*Desarrollar políticas de actividades cognitivas y físicas a lo largo de la vida que abarquen a toda la población.

*Implementar programas preventivos para detección y tratamientos de factores de riesgo como hipertensión, diabetes, dislipemias, hipoacusia, alcoholismo, tabaquismo y otros.

*Medidas nacionales e internacionales para evitar la exposición al aire contaminado.

*Los riesgos son especialmente altos en poblaciones desfavorecidas y vulnerables.

Recomendaciones de la OMS y The Lancet Comissions para la prevención de las demencias (26, 29).

2.11. PREVENCIÓN DE LA DEMENCIA VASCULAR, DE OTRAS DEMENCIAS NEURODEGENERATIVAS, DE LA ENFERMEDAD DE PARKINSON Y DE LA ESCLEROSIS LATERAL AMIOTRÓFICA (ELA)

Como explicamos en capítulos anteriores la demencia neuro-degenerativa más frecuente es la EA, que supone alrededor del 60-70 % de todas las demencias, seguidas de la demencia vascular con un 20 % de los casos. Otras demencias neurodegenerativas como la enfermedad por cuerpos de Lewy, la demencia fronto-temporal u otras demencias excepcionales, que representan alrededor del 10 % de todas las demencias.

Demencia vascular: Este tipo de demencia es la consecuencia de distintos tipos de ictus: ictus isquémicos de vaso grande, ictus múltiples repetitivos, infartos de localización estratégica, o la llamada enfermedad de pequeño vaso cerebral, que afecta sobre todo a la sustancia blanca cerebral y a estructuras subcorticales, o bien, la demencia puede ser debida a hemorragias intracerebrales únicas o múltiples (1, 20, 21).

Como antes decíamos, la demencia vascular es la segunda causa de demencia, con un 20 % del total de todas las demencias, y aparece sobre todo por encima de los 65 años, sin diferencia entre sexos. En ocasiones se asocia a la EA, considerándose en estos casos el diagnóstico de demencia mixta (degenerativa-vascular).

Entre un 15 a 30 % de los pacientes con ictus pueden presentar demencia en los meses posteriores, especialmente en pacientes con *ictus recurrente (ictus múltiples)*, los que previamente presentaban DCL o los que han presentado un ictus grave, extenso o con otras complicaciones. En estas ocasiones el deterioro cognitivo puede ser leve o grave y se asocia a signos focales corticales, ya abordados en el capítulo del ictus, como dificultades más o menos severas del lenguaje, signos motores y sensitivos como hemiplejia o hemianestesia, dificultad para tragar, trastornos de la marcha, labilidad emocional, incontinencia de la orina, etc. Y, a diferencia de la EA, no suelen presentar problemas de memoria, pero sí es frecuente la depresión y otros trastornos neuropsiquiátricos.

En otras ocasiones, la demencia vascular se debe a lesiones isquémicas en el tejido cerebral por pequeños infartos, debido a la obstrucción de vasos pequeños que llegan a la parte profunda del cerebro, dando lugar a los llamados infartos lacunares u otras lesiones isquémicas que afectan a la sustancia blanca subcortical y a núcleos de la base, como el tálamo, caudado, tronco cerebral u otros, y es conocida como *enfermedad de pequeño vaso cerebral* antes indicada. En estos casos, se producen lesiones múltiples de los circuitos que comunican, a través de la sustancia blanca, unas áreas cerebrales con otras, produciendo trastornos de la atención, disfunción de los procesos ejecutivos de las actividades habituales del paciente, enlentecimiento mental con dificultad en el procesamiento de información, mente inflexible y puede haber dificultades en la memoria de trabajo, pero no suele afectar a los otros tipos de memoria (20,21,22, 23).

A veces un único infarto cerebral puede dar lugar a demencia, son los llamados *infartos estratégicos,* cuya especial localización afecta áreas de integración claves para un correcto funcionamiento cognitivo o conductual, y la secuela de estos infartos puede ser un deterioro cognitivo más o menos marcado y de características diferentes según su localización, como pueden ser los infartos del giro angular (área de integración de praxias, lenguaje, cálculo), infartos en áreas prefrontales, en áreas subcorticales como los infarto talámico o subtalámico unilaterales o bilaterales, infartos del núcleo caudado u otros que producen distintos síndromes con trastornos cognitivos más o menos severos, alteraciones del estado de alerta y de la conducta que pueden desembocar en franca demencia.

También la demencia vascular puede producirse como secuelas de una pérdida difusa de circulación cerebral, como puede suceder después de una parada cardiorrespiratoria durante la cual el cerebro no recibe el oxígeno necesario, produciéndose una isquemia que afecta a todo el cerebro. Las personas que se recuperan de esta parada pueden presentar distintos grados de deterioro cognitivo.

Es importante conocer, como antes se indicó, que la enfermedad vascular frecuentemente se asocia a un deterioro cognitivo neurodegenerativo como la EA y entonces nos encontramos ante una demencia mixta que muestra clínica propia de la EA y síntomas o signos de tipo vascular.

El diagnóstico de la demencia vascular se basa en las distintas manifestaciones clínicas y a los cambios objetivables en el TC craneal o la RM cerebral, donde se pueden mostrar las distintas lesiones isquémicas de gran vaso cerebral (ictus isquémicos), hemorragias cerebrales, infartos de pequeño vaso cerebral (infartos lacunares) o múltiples lesiones isquémicas de la sustancia blanca cerebral, más o menos extensas o confluentes conocidas como *leucoaraiosis*.

Una vez establecido el deterioro cognitivo o la demencia de origen vascular entramos en el campo terapéutico de cómo evitar la progresión de la enfermedad, impidiendo la aparición de las nuevas lesiones vasculares de distinta categoría y causa, que nos agraven el pronóstico y los déficits cognitivos. Para ello, deberá realizarse un diagnóstico etiológico adecuado y proponer una serie de medidas preventivas adecuadas que serán las mismas que en la prevención primaria del ictus y añadirá medicamentos como los antiagregantes plaquetarios (aspirina u otros), o anticoagulantes en su caso, y fármacos como las estatinas para el control de la dislipemia si existe o como propio protector del endotelio vascular. Evidentemente todo esto siguiendo las pautas e indicaciones de su médico.

La prevención primaria de la demencia vascular comprende todas aquellas medidas que protegen contra la enfermedad vascular cerebral de cualquier tipo, que han sido tratadas en el capítulo de prevención del ictus y por tanto a ella nos remitimos, pero queremos hacer hincapié y mostrar a nuestros lectores que el control de la tensión arterial, tratar la diabetes si existe, los trastornos de los lípidos, la obesidad, no fumar, evitar el consumo de alcohol, realizar vida activa y deporte, entre otras recomendaciones, son esenciales para prevenir estas enfermedades e insistir en que esto no es una cuestión de las personas mayores sino que afecta a todas las etapas de la vida. Por ejemplo, la obesidad infantojuvenil, que actualmente se considera una verdadera epidemia, puede llevar en épocas precoces de la vida adulta a alteraciones metabólicas y vasculares severas, con un aumento del riesgo acumulado a lo largo de la vida para demencia vascular, EA y probablemente otras enfermedades neurodegenerativas. La hipertensión arterial desde edades medias está especialmente implicada en la demencia vascular por el daño progresivo sobre los vasos cerebrales de distinto tamaño que se va produciendo con el paso del tiempo y que solo su prevención y tratamiento pueden evitar estas complicaciones vasculares.

Demencia por cuerpos de Lewy: Este tipo de deterioro cognitivo supone alrededor del 10 al 15 % de todos los casos, según las distintas series y es la tercera causa de demencia. Se trata de una entidad clínico-patológica que se caracteriza por el depósito de una proteína conocida como α-sinucleína en la corteza cerebral, que junto con otras proteínas y neurofilamentos se acumulan dentro de las neuronas formando los cuerpos de Lewy. A diferencia de la enfermedad de Parkinson, donde estos acúmulos afectan sobre todo a la sustancia negra (estructura localizada en el tronco del cerebro a nivel del mesencéfalo), en esta demencia se afecta principalmente la corteza cerebral y algunos núcleos basales del cerebro. En no pocos casos se encuentran alteraciones patológicas propias de la EA asociadas a los cuerpos de Lewy.

Las manifestaciones clínicas (20, 21) muestran una demencia progresiva que se inicia sobre todo con trastornos visuoespaciales, alteraciones de la atención y trastornos ejecutivos. Estos pacientes suelen presentar fluctuaciones de la atención y la alerta, de tal manera que tienen episodios de lucidez y otros de inatención o somnolencia que pueden durar horas o días. La memoria al principio de la enfermedad no suele afectarse, aunque pueda ocurrir en algunos casos y suelen ser pacientes que asocian alteraciones patológicas propias de la EA.

También es frecuente la aparición de síntomas neuropsiquiátricos a lo largo de la evolución de la enfermedad, con ansiedad, apatía y depresión, alucinaciones visuales vespertinas y, a veces, delirios paranoides más o menos intensos que, si se tratan con neurolépticos, pueden presentar una reacción paradójica (sensibilidad a los neurolépticos), ya que no mejoran estos síntomas, sino que los empeoran o los precipitan hasta en un 50 % de los casos. No es infrecuente ver pacientes que el familiar comenta un empeoramiento conductual cuando le administraron un neuroléptico por un delirio paranoico u otro síntoma psicótico, y pueden aparecer o incrementarse otros como síntomas parkinsonianos muy invalidantes, alucinaciones intensas e incluso síndrome neuroléptico.

Una característica típica de esta enfermedad, aunque no siempre ocurre, son los síntomas motores propios de la enfermedad de Parkinson (conocidos como parkinsonismo), que suelen ser simultáneos o posteriores al inicio de la demencia y que consisten sobre todo en rigidez en los miembros, movilidad lenta y dificultad en la marcha, y es menos frecuente el temblor. Son también habituales los síntomas disautonómicos (alteración del sistema neurovegetativo), con bajadas bruscas de la tensión arterial que llevan a síncopes o caídas, el estreñimiento, o la incontinencia urinaria.

Otro síntoma que nos hace pensar en esta entidad son los conocidos como *trastornos de conducta en el sueño REM*, en los cuales no se produce la parálisis típica de esta fase del sueño y el paciente presenta movimientos a veces violentos, golpea con los brazos o piernas, grita o vocaliza. A veces estos trastornos preceden a la aparición de los déficits cognitivos y se asocian a otras alteraciones del sueño, como insomnio o síndrome de piernas inquietas.

El diagnóstico de esta entidad clínica se basa en las manifestaciones clínicas y se acompañan de alteraciones en distintas áreas cerebrales que pueden mostrarse en RM cerebral, o en pruebas funcionales como el SPCT o el PET cerebral. Cuando se dan los criterios diagnósticos de esta enfermedad, su especialista le indicará un tratamiento que en la actualidad es solo sintomático, pues no existe un tratamiento curativo de esta demencia y utilizará fármacos similares a los indicados en la EA o para paliar los síntomas neuropsiquiátricos muy incapacitantes y con grave impacto sobre el entorno familiar o los cuidadores del paciente. Deberá informarse con detalle a los familiares de estos pacientes, explicarles el mal pronóstico de esta enfermedad y la carga que supone los severos trastornos neuropsiquiátricos, de difícil manejo, que suelen presentar estos enfermos. No hay evidencias de que un estilo de vida determinado pueda incidir sobre el curso evolutivo de esta demencia.

La prevención primaria de la demencia por cuerpos de Lewy no ha sido explorada específicamente y sabemos que determinados factores genéticos como el gen de la APOE4 y otros aumentan el riesgo de producirla. Como en al EA, la reserva cognitiva es importante en la resistencia al deterioro mental que, en gran medida, está condicionada por el nivel de formación y el mantenimiento de una vida intelectual activa. Al igual que en la EA, el ejercicio físico puede tener un efecto protector y es probable que el control de otros factores de riesgo ya descritos en la EA sean también beneficiosos en ralentizar el curso de la enfermedad por cuerpos de Lewy (1, 21).

Demencia frontotemporal: Es la tercera causa de demencia neurodegenerativa después de la EA y de la demencia por cuerpos de Lewy. Es la segunda más frecuente, después de la EA en edades preseniles, antes de los 65 años. Se debe a un acúmulo anómalo de distintas proteínas, como la tau u otras, en diferentes localizaciones de los lóbulos frontales y temporales. En los últimos años se han realizado importantes avances en su estudio anatomopatológico, en su genética y en pruebas de imagen que permiten clasificar las diferentes presentaciones clínicas de esta demencia.

La demencia frontotemporal puede manifestarse de distintas formas según el área de los lóbulos frontales y/o temporales afectada predominantemente, aunque en su evolución se afecten de forma difusa ambos lóbulos con una progresión de los síntomas y signos deficitarios. La presentación familiar tiene más probabilidad de ser una forma genética de la enfermedad.

La manifestación clínica más frecuente es la conocida como *variante conductual de la demencia frontotemporal,* que suele aparecer antes de los 65 años y se caracteriza por cambios en la conducta y personalidad del paciente, que se muestra desinhibido, impulsivo, pierde la empatía hacia otras personas, se altera su conducta social, puede tener conductas estereotipadas, hiperoralidad (fuerte tendencia irreprimible a examinar objetos con la boca), cambios severos en la alimentación o encontrarse apático e indiferente. Estos síntomas suelen acompañarse de pérdida de funciones ejecutivas, funciones visoperceptivas y cambios en la expresión del lenguaje. A lo largo de la enfermedad, con una duración media de ocho años, los pacientes van perdiendo cada vez más facultades, con severos trastornos de conducta e imposibilidad para el trato social y para atender a sus actividades básicas e instrumentales, con importante compromiso del lenguaje que puede llegar a un franco mutismo. Los clínicos se guían por escalas que determinan el grado de severidad de esta demencia.

En otras ocasiones lo que predomina desde el principio son las alteraciones del lenguaje, con una afasia progresiva muy invalidante que, en su evolución, se asocia a disfunciones de las distintas áreas frontales y temporales en un paciente con complejos trastornos del comportamiento que dificulta sobremanera su manejo por parte del médico y de los cuidadores.

Como antes comentamos, la práctica clínica actual cuenta con importante ayuda en el estudio neuropsicológico de estos pacientes, y que permite determinar que se está ante este tipo de patología y distinguirla, en sus estadios iniciales, de procesos psiquiátricos que la pueden simular. Las pruebas de neuroimagen, especialmente la RM cerebral; el SPECT, que nos permiten precisar las áreas cerebrales afectadas, y el PET de amiloide, que nos ayuda en el diagnóstico diferencial con la EA. El diagnóstico definitivo requiere una comprobación anatomopatológica *post mortem* que muestre algunas de las distintas alteraciones cerebrales propias de esta entidad y/o el hallazgo en un estudio genético de algunas de las mutaciones patológicas descritas en esta demencia (1, 20, 21).

No existe un tratamiento específico curativo para este tipo de demencia y están indicados los tratamientos sintomáticos para los trastornos psiquiátricos o la rehabilitación del lenguaje, aunque la evolución es siempre hacia el empeoramiento.

No hay estudios específicos sobre la prevención primaria de esta entidad que aporten datos concretos, por lo que se aconseja el mismo proceder que para la EA en cuanto a las medidas preventivas.

Encefalopatia LATE (*Limbic-Predominate Age-related TDP-43 Encephalopathy*): En los últimos años ha surgido el concepto de otra demencia, conocida como *Limbic-predominant age-related TDP-43 encephalopathy* (LATE), que afectaría a un número importante de ancianos. Esta entidad se debe a un plegamiento anómalo de la proteína TDP-43 y con hallazgos genéticos diferentes a la EA, aunque con una clínica similar y especial afectación del sistema límbico e hipocampo. Va a ser necesario el desarrollo de biomarcadores para distinguir estas dos entidades, dado que estos pacientes de LATE tienen también cambios patológicos típicos de la EA en sus cerebros (65).

Otras demencias secundarias NO degenerativas: Existen otros tipos de demencias de distintas causas, como pueden ser enfermedades infecciosas, enfermedades metabólicas, autoinmunes, o tumores cerebrales que son tratables y, por tanto, los síntomas de deterioro cognitivo o conductual pueden recuperarse total o parcialmente (1, 21), son las conocidas como *demencias secundarias o tratables,* pues su tratamiento se centra en el control de la enfermedad que las produce.

Dentro de las enfermedades infecciosas que pueden producir demencia tenemos la demencia por VIH (Virus de Inmunodeficiencia Humano), la sífilis (neurosífilis), la tuberculosis cerebral (neurotuberculosis), enfermedad de Lyme (neuroborreliosis), distintos tipos de hongos, virus o parasitosis que producen meningoencefalitis agudas o crónicas y que en su evolución pueden presentar claros síntomas de demencia.

Las enfermedades metabólicas pueden producir demencia cuando el fallo metabólico es intenso y se mantiene en el tiempo. Así la disfunción del tiroides (hipertiroidismo o hipotiroidismo), la disfunción de la glándula paratiroides, o de las glándulas adrenales, la hipoglucemia mantenida o las enfermedades del riñón o del hígado con insuficiencia en el funcionamiento de estos órganos pueden llevar a la demencia. La hipoxia crónica por disfunción cardiorrespiratoria con insuficiencia respiratoria también puede ser causa de demencia o agravar una demencia neurodegenerativa.

Existen enfermedades autoinmunes, como el lupus u otras, que a lo largo de su evolución pueden afectar al cerebro y dar lugar a trastornos psiquiátricos y demencia. Otras enfermedades, cuya base es la inflamación de los vasos sanguíneos de distintas zonas del cuerpo o los propios del cerebro, conocidas como vasculitis, pueden llegar a producir deterioro cognitivo con otros síntomas focales cerebrales.

Hay distintos tumores que, sin invadir el cerebro, producen autoanticuerpos que pueden atacar distintos grupos neuronales del cerebro e inducir demencia u otros síntomas, son conocidas como *demencias preneoplásicas,* si anteceden al diagnóstico del tumor de base. O se denominan *demencias paraneoplásicas* cuando coinciden en el tiempo con un tumor conocido. El pronóstico de estas demencias depende en gran medida de la evolución del tumor que la provoca.

Existen otras demencias producidas por priones (proteína anómala que se transmite de neurona en neurona), como la enfermedad de Creutzfeldt-Jakob o el Insomnio Familiar Fatal, que producen demencia con unas características especiales y actualmente sin tratamiento curativo.

La demencia postraumática es una causa frecuente de demencia, debido a las secuelas de traumatismo craneoencefálico grave de muy distintas causas y que pueden desarrollarse hasta tiempo después del traumatismo original.

El diagnóstico de estas enfermedades que pueden producir deterioro cognitivo y demencia requiere la utilización de pruebas de laboratorio de distinto tipo, neuroimagen, electroencefalogramas u otras pruebas complementarias, además de una amplia experiencia clínica del médico, que interpreta los resultados dado su difícil diagnóstico diferencial en algunas ocasiones.

El tratamiento de estas demencias secundarias requiere un certero diagnóstico para que vaya dirigido a la enfermedad de base que produce la demencia. Así, en las producidas por infecciones, un tratamiento adecuado es esencial para el éxito de la curación y evitar al máximo las secuelas, por lo que es clave el diagnóstico precoz del proceso infeccioso. En las demencias metabólicas deberá revertirse o tratarse el déficit hormonal o el trastorno metabólico correspondiente al déficit funcional. En las autoinmunes existen tratamientos inmunosupresores o inmunomoduladores que pueden mejorar el proceso. En las demencias paraneoplásicas es fundamental descubrir y tratar el tumor de fondo, así como tratamientos inmunosupresores en algunas ocasiones. En cuanto a la demencia postraumática, es importante la prevención de las distintas causas, como accidentes laborales, de tráfico, deportes de riesgo, etc. En caso de que se produzca, el tratamiento rehabilitador cognitivo y físico, así como el control de otros síntomas, es primordial para mejorar su evolución.

En cuanto a la prevención primaria, sería evitar las enfermedades de base con los medios adecuados. Una vez contraída esa enfermedad y para evitar el desarrollo del deterioro cognitivo, es fundamental, además del control de la enfermedad, mantener unos hábitos de vida saludable, practicar ejercicio, reducir el estrés y tratar factores de comorbilidad que pueden agravar la evolución, como son: control de la tensión arterial, diabetes, dislipemia, disfunción tiroidea, déficit de vitamina B12, depresión y otros. Como en anteriores apartados, es importante la estimulación cognitiva, mantener o incrementar las relaciones sociales y la realización de deporte, sobre todo en grupo, y apoyo en otras técnicas de rehabilitación cognitiva (21).

Enfermedad de Parkinson: La enfermedad de Parkinson (EP) es una enfermedad neurodegenerativa que debe su nombre a un médico clínico inglés llamado James Parkinson (1755-

1824). Describe la enfermedad en un trabajo titulado: *An Essay on the Shaking Palsy* (Ensayo sobre la Parálisis Agitante), de 1817. Su ensayo surge de la observación de pacientes caminando por las calles de Londres, o en su propia consulta, donde apreciaba una lentitud o severa dificultad en los movimientos corporales, especialmente de la marcha, acompañándose de temblor en las manos y rigidez en los miembros, a lo que en su conjunto llamó «parálisis agitante».

La EP afecta a un 0,3 % de la población general y llega al 2 % de los mayores de 60 años y al 4 % en los mayores de 80 años, y es algo más frecuentes en los hombres respecto a las mujeres, siendo la segunda enfermedad neurodegenerativa con mayor incidencia en el mundo. Su prevalencia se ha duplicado en los últimos veinticinco años, según datos de la OMS. En España, y según la Sociedad Española de Neurología, existen unos 150 000 pacientes con EP y todos los años se diagnostican en nuestro país unos 10 000 pacientes.

Este incremento de la incidencia y prevalencia es debido, en gran medida, al envejecimiento de la población no solo en nuestro entorno, sino a nivel mundial. Como consecuencia de su complejidad y duración, la EP supone un alto coste sanitario y económico, con especial incidencia en la vida familiar por el cuidado mantenido que requieren estos pacientes a lo largo de la evolución de una enfermedad en general muy invalidante.

La causa de la EP es desconocida y se acepta una sumación de factores ambientales en personas genéticamente predispuestas. Se sabe que tener un familiar cercano afectado aumenta la probabilidad de padecerla, pero solo el 10 % de los casos son formas hereditarias. Desde el punto de vista patológico, la degeneración y pérdida neuronal se producen principalmente en una estructura denominada sustancia negra, que se encuentra en el mesencéfalo, situado en la parte alta del tronco cerebral, y también, durante su progresión, se afectan otras estructuras cerebrales de distinta localización, con una atrofia cerebral progresiva. Los cambios moleculares típicos en las neuronas enfermas consisten en unas inclusiones, llamados cuerpos de Lewy, similares a los de la enfermedad por cuerpos de Lewy antes tratada, que están formados por una proteína, que presenta un plegamiento anómalo, llamada α-sinucleína, o acúmulos de ubiquitina y otros productos que llevan a serios trastornos metabólicos de las neuronas y a la muerte celular.

Resumiendo, mucho de los conocimientos actuales enfocan a que la degeneración neuronal está asociada a los genes y locus PARK1 y PARK4, que codifican la α-sinucleina. Hay descritas 22 mutaciones genéticas asociadas a EP. Estas mutaciones podrían explicar hasta cierto punto las formas familiares de EP y el 5 % de las formas esporádicas.

Estas neuronas de la sustancia negra son productoras de dopamina, que es un neurotransmisor imprescindible para el funcionamiento motor del cuerpo, que también está implicada en funciones cognitivas, control de las emociones, estado de ánimo y en la conducta. Este déficit en la producción de dopamina explica en gran medida los síntomas de la enfermedad y las bases de su tratamiento, pero también pueden estar implicados otros neurotransmisores a lo largo de la evolución de la enfermedad.

Las manifestaciones clínicas de la EP se muestran con tres síntomas y signos cardinales, que son el temblor de reposo, la lentitud de movimientos (acinesia) y la rigidez de los miembros y del tronco. Estos síntomas pueden aparecer aisladamente, asociados entre ellos o que predomine uno sobre otro. Así tendremos EP de predominio tremórico (temblor) o de predominio rígido (rigidez de los miembros) o acinético (lentitud y dificultad de los movimientos) o formas mixtas rigidoacinéticas. El paciente parkinsoniano se nos suele presentar con temblor, que afecta a un solo miembro superior al principio de la enfermedad para extenderse después a las dos manos, este temblor aparece cuando se tiene el miembro en reposo mejorando con la movilidad. En otras ocasiones el enfermo comienza con movimientos lentos, como retardados y torpes, camina algo encorvado y rígido, arrastra los pies, dando pasos pequeños y no balancea los brazos al caminar, que se llevan como pegados al tronco. El cuello suele estar rígido y la cara es poco expresiva, con mirada fija y parpadeo escaso (1). Frecuentemente, se asocian el temblor y los otros síntomas motores de la enfermedad.

La EP es progresiva y los síntomas motores empeoran a lo largo de los años, produciendo una discapacidad progresiva y en las formas avanzadas de la enfermedad el paciente está muy lento, camina con mucha dificultad o le es imposible la bipedestación, tiene rigidez de las extremidades o temblor severo de reposo, la cara es inexpresiva, casi no parpadea y la voz es muy baja o disfónica. Además de los síntomas motores, la EP puede acompañarse de otros síntomas denominados no motores, como depresión, apatía, ansiedad, trastornos del control de impulsos, síntomas psicóticos, alteración del sueño, síntomas disautonómicos como sialorrea (babeo), hipotensión arterial, disfunción vesical y eréctil, estreñimiento u otras, así como déficits cognitivos que pueden progresar hasta una franca demencia de tipo disejecutiva con importante afectación de las funciones cognitivas ejecutivas y de las actividades instrumentales, llegando a dificultar severamente las actividades básicas de la vida diaria. A veces estos síntomas no motores, especialmente la depresión, preceden durante años a los síntomas motores más específicos de esta entidad. Otro síntoma frecuente es la disminución a alteración de la percepción de los olores (hiposmia), que llega afectar al 80 % de los pacientes y, en ocasiones, precede en años la aparición de la enfermedad. Todos estos síntomas y signos, con distintos niveles de intensidad, afectan al 70-80 % de los pacientes entre los diez y veinte años de evolución de la enfermedad (1, 66).

El diagnóstico de la EP sigue siendo eminentemente clínico y se basa en la anamnesis realizada por el médico, así como la exploración física neurológica, acompañada de pruebas complementarias de imagen, como el TC o la RM cerebral u otra como el DaTSCAN, que permite valorar las terminaciones dopaminérgicas en el núcleo estriado del cerebro y sirve para el diagnóstico diferencial de otras entidades neurológicas que pueden simular la EP. Debido a que los síntomas de inicio suelen ser poco expresivos, la enfermedad suele diagnosticarse hasta dos o tres años después de su comienzo. Se están investigando biomarcadores que puedan permitir un diagnóstico más temprano y fiable.

Una vez diagnosticada la EP, es importante un seguimiento periódico para asegurar el diagnóstico, descartar la aparición de otros síntomas atípicos compatibles con otro tipo de parkinsonismo que podrían confundirse con la EP y valorar los beneficios terapéuticos adecuados en una enfermedad compleja (66).

Actualmente existen distintos tratamientos; el más importante es la l-dopa u otros fármacos con efectos dopaminérgicos (similares a los de la dopamina como neurotransmisor cerebral), que suelen ser bastante eficaces en las primeras fases de la enfermedad y que ayudan a mantener una vida activa. Cuando el Parkinson progresa existen otros tratamientos médicos o quirúrgicos, como la estimulación cerebral profunda mediante electrodos colocados en la profundidad del cerebro o por ultrasonidos de frecuencia focalizada (HIFU, por sus siglas en inglés) que pueden aportar importantes beneficios en el control del temblor u otros síntomas, según el estadio de progresión de la enfermedad.

Es muy importante la rehabilitación dirigida por fisioterapeutas entrenados en esta enfermedad con programas específicos para mejorar la marcha, la postura, disminuir la rigidez y el temblor, controlar el equilibrio para evitar caídas, trabajar la fuerza y el tono muscular, etc. También es importante el tratamiento y control de los síntomas no motores, pues en ocasiones producen al paciente y a sus cuidadores más sufrimiento e incapacidad que los propios síntomas motores. El médico que atiende a estos pacientes irá ajustando e indicando las distintas opciones terapéuticas según la evolución de la enfermedad.

Respecto a la prevención de esta enfermedad, hay algunos estudios que indican la posibilidad de que determinados herbicidas y pesticidas pueden incrementar ligeramente el riesgo de desarrollar esta enfermedad, por lo que se recomienda evitar la exposición a los mismos y, en caso de que sea imprescindible, su utilización. Hay que informarse en este sentido.

Existen algunos datos de que la diabetes podría ser también un factor de riesgo de la enfermedad, aunque esto habría que confirmarlo con otros estudios. En algunos estudios se ha observado que el ejercicio aeróbico regular realizado desde edades tempranas podría disminuir el riesgo de padecerla. Otros informes, no confirmados por estudios más específicos, apuntan a que la cafeína que se encuentra en el café y el té podrían disminuir la frecuencia de desarrollar EP, pero se desconoce su relación directa, por lo que no hay suficiente evidencia para recomendar el consumo de estas bebidas. Hay noticias acerca de los beneficios preventivos de la ingesta de vitamina E y C con sus efectos antioxidantes, o que la toma de ginkgo biloba pueden prevenir la EP, pero actualmente no hay nada probado de forma científica con los ensayos clínicos correspondientes para mantener estas recomendaciones.

Estudios experimentales recientes dirigidos a valorar las alteraciones en la microbiota intestinal, apuntan a la producción y acumulación de metabolitos tóxicos y formación alterada de α-sinucleína, que se trasportaría desde las células neuroendocrinas del tubo digestivo a través del nervio vago hasta el cerebro, donde se acumularía en forma de los cuerpos de Lewy, como vimos son los depósitos asociados a la EP. Queda camino por recorrer hasta comprobar esta hipótesis en el humano.

Debido al desconocimiento de las causas fundamentales de la enfermedad y de la interacción entre los condicionantes genéticos y los factores ambientales, es difícil buscar medios preventivos realmente eficaces, por lo que su prevención sigue siendo algo por explorar. Por tanto, solo podemos aconsejar una vida sana, dieta saludable tipo dieta mediterránea y ejercicio físico como medidas preventivas generales.

Esclerosis Lateral Amiotrófica (ELA): La Esclerosis Lateral Amiotrófica (ELA) es una enfermedad neurodegenerativa de causa desconocida que produce degeneración y pérdida de neuronas motoras de la médula espinal, tronco cerebral y neuronas de la corteza motora cerebral. Es la tercera causa de enfermedad neurodegenerativa después de la enfermedad de Alzheimer y del Parkinson.

La prevalencia de la ELA es relativamente uniforme a lo largo del mundo y afecta entre 3-5 personas por cada 100 000 habitantes con una incidencia de 1-2 casos por 100 000 habitantes/año. En España la prevalencia oscila entre 2 a 5 casos por 100 000 habitantes según las distintas regiones y estudios, lo que supone un total de unos 4 000 pacientes en todo el territorio nacional, siendo la enfermedad de motoneurona más frecuente en el adulto. Es generalmente esporádica, pero entre un 5 a 10 % de los casos pueden ser formas familiares, pudiendo aparecer desde la segunda década de la vida, sin embargo, el pico de máxima incidencia se encuentra entre los 65 a 75 años. Siempre es progresiva, con una esperanza de vida de unos tres años en la mayoría de los casos, pero excepcionalmente pueden llegar a vivir hasta diez años desde el comienzo de los síntomas, siendo las más graves las formas de inicio bulbar (afectan a las neuronas del bulbo) con compromiso y parálisis progresiva de los músculos faciales, de la lengua y de la deglución (1, 67, 68).

Hay estudios que implican a ciertos factores de riesgo, como el tabaco, que parece ser un factor independiente sobre todo para aquellos fumadores de muchos años. La alta ingesta de glutamato podría ser otro factor de riesgo y posiblemente existan otras toxinas ambientales no bien conocidas o algún déficit nutricional crónico, como se ha apuntado respecto al déficit de vitamina D. Se han evaluado, en este sentido de toxicidad, sustancias como el selenio o el manganeso utilizado como suplementos nutricionales, o el aluminio, hierro, cobre, zinc, cadmio o plomo, pero no hay evidencia convincente de que tengan un papel clave en la patogénesis de la ELA. También se han investigado áreas importantes como los campos electromagnéticos o un alto nivel de actividad física, pero en la actualidad aún no se han alcanzado datos definitivos en este sentido.

En la ELA hay una pérdida progresiva de las neuronas de la asta anterior de la médula espinal o núcleos del bulbo raquídeo (2ª motoneurona) y de las motoneuronas del área motora de la corteza cerebral (1ª motoneurona) debido a un proceso neurodegenerativo de naturaleza no bien conocida. Desde los años setenta se habla de la teoría de la excitotoxicidad como causa de la degeneración y muerte neuronal. Esta toxicidad estaría liderada por el glutamato, que al ponerse en contacto y penetrar dentro de las neuronas produce una cascada de reactivaciones enzimáticas y entrada de calcio dentro de la célula que lleva a una aceleración de la muerte celular programada. Actualmente existe una amplia investigación sobre este y otros temas en la patogénesis de la ELA, pero no se han llegado a dilucidar las causas genéticas y ambientales estrictas que determinan esta muerte celular.

La ELA se caracteriza clínicamente por pérdida de fuerza, que puede iniciarse por un miembro o un grupo muscular, pero va progresando al resto de los miembros y los músculos del tronco, hasta hacerse generalizada, pudiendo llevar a parálisis parcial o total de todo el cuerpo con una incapacidad progresiva para todo tipo de movimiento. A esto, y en estados avanzados, se asocia una pérdida de movilidad de los músculos de masticación, linguales y de la deglución que puede llevar a dificultad, o incluso a la imposibilidad para masticar o deglutir los alimento o para hablar, así como afectación de los músculos intercostales y del diafragma que lleva a insuficiencia respiratoria. En algunas ocasiones, como antes se indicó, la ELA comienza a nivel del bulbo, con manifestaciones en la musculatura orofaríngea (músculos de la lengua, faringe y masticación) y respiratorias, y son las formas más graves y de rápida evolución. La pérdida de fuerza y movilidad se asocia a una atrofia progresiva de la musculatura afectada que llega a ser muy marcada, aparecen calambres musculares y a veces cierto grado de rigidez en los miembros y se acompaña de saltos musculares llamados «fasciculaciones».

En pacientes con ELA puede existir cierto grado de deterioro cognitivo, como disfunción ejecutiva, trastornos de la atención y memoria, disfunción verbal agravados por problemas de articulación de las palabras, pero solo en casos aislados se asocia a demencia franca de tipo frontotemporal, sin embargo, lo más frecuente es encontrarse pacientes que mantienen una función cognitiva normal (1, 68). Son frecuentes los trastornos del ánimo, como depresión o conductuales con labilidad emocional y agitación.

El diagnóstico de la ELA se basa en una historia clínica y exploración neurológica compatibles y en pruebas neurofisiológicas, como el electromiograma, así como descartar enfermedades que pueden semejar a la ELA con distintas pruebas complementarias y de neuroimagen, básicamente la RM cerebral y medular. Existen criterios actuales muy precisos, los Criterios de El Escorial, obligados para el diagnóstico de ELA como posible, probable o definitiva, de esta enfermedad tan devastadora.

Actualmente tenemos escasos tratamientos para esta enfermedad y ninguna curativa. El riluzol es el fármaco más utilizado, como una terapia antioxidante que actúa sobre los receptores de membrana del glutamato (aminoácido neuroexcitador), impidiendo la cascada excitadora y oxidante intraneuronal que lleva a la muerte neuronal. Este principio activo es el único aprobado en nuestro país para el tratamiento de la ELA, pues puede alargar la supervivencia del paciente o el tiempo hasta la instauración de fases avanzadas de la enfermedad.

También hay que orientar la terapia hacia la fisioterapia y los cuidados respiratorios cuando estos son necesarios, así como tratamientos sintomáticos para la espasticidad, los calambres, las dificultades para la deglución y el acúmulo de saliva (sialorrea) u otras complicaciones o síntomas propios de la enfermedad. En los últimos años se han desarrollado en nuestro país, en algunos hospitales de tercer nivel, las llamadas *Unidades de ELA,* una asistencia integral a los pacientes y a sus cuidadores mediante un equipo multidisciplinar formado por neurólogo, neumólogo, rehabilitador, psicoterapeuta y asistente social que tiende a unificar toda esta asistencia en coordinación con el médico de atención primaria.

Existen distintas líneas de investigación a nivel molecular, bioingeniería u otras dianas terapéuticas, que actualmente están en distintas fases de ensayos clínicos, que esperemos den resultados positivos, para el tratamiento de esta compleja enfermedad que, sin duda, requerirá altas inversiones en investigación con vistas a su etiología y a nuevos tratamientos.

Respecto a la prevención primaria de la ELA, el desconocimiento de las causas y la falta de evidencias con suficiente peso sobre los factores de riesgo de la enfermedad no nos permite aseverar recomendaciones para su prevención.

Como precaución, y dentro de medidas saludables, se recomienda la abstención del tabaco, evitar el contacto con los metales descritos previamente, herbicidas y pesticidas, o el deporte de alta actividad, sobre todo si hay antecedentes familiares de ELA. Hace unos años, en un estudio realizado en distintas cohortes, se mostró la posibilidad de que la ingesta abundante de ácidos omega 3 pudiese tener un efecto protector sobre el desarrollo de ELA (69). También puede aconsejarse mantener a lo largo de vida unos niveles normales de vitamina D con exposiciones razonables al sol, sobre todo en invierno, o aportaciones de esta vitamina. No existen otros datos sobre la acción preventiva de dietas o suplementos alimenticios.

PARTE II

SALUD Y ENVEJECIMIENTO CEREBRAL SANO

CAPÍTULO III
SALUD CEREBRAL Y HÁBITOS DE VIDA SALUDABLES

La Organización Mundial de la Salud en el preámbulo de su constitución en 1948, dice: «La salud es un estado completo de bienestar físico, mental y social, y no solamente la ausencia de afecciones o enfermedades». Esta definición, aunque ha sufrido numerosas críticas, es la que se sigue manteniendo en la actualidad.

La salud, siguiendo la definición anterior, es un asunto que implica tanto al individuo como a la sociedad, al unísono. En términos generales, en ella están implicadas la biología, la psicología, la economía y la política, así como los propios sistemas sanitarios como principales protagonistas. Todos estos factores intervinientes están interrelacionados y debe existir un equilibrio entre ellos, si queremos mantener a los individuos que componen la sociedad en un estado saludable. Los intereses de cada una de estas parcelas deben ser reconocidas por las otras para llegar a una orquestación del interés principal, que son la salud individual y la de las poblaciones.

La salud de nuestro organismo como un todo es un estado de equilibrio entre los procesos fisiológicos que mantienen la homeostasis del cuerpo y aquellos otros fisiopatológicos, internos o externos, que intentan desequilibrarla. Cuando se rompe este equilibrio aparece la enfermedad en sus distintas expresiones y estadios: preclínicos (premórbidos) o clínicos (mórbidos) en sus diferentes fases evolutivas que pueden resolverse hacia la curación o vuelta al equilibrio homeostático, cronificación de la enfermedad o muerte del individuo.

Se considera, desde tiempos remotos, que en el mantenimiento de la salud intervienen muchos factores, entre ellos múltiples condiciones patógenas que inciden sobre el sujeto. La reacción del organismo ante ellos es lo que delimita la frontera entre la salud y la enfermedad, frecuentemente difícil de determinar. Esto sigue siendo un desafío en la actual valoración de la salud, tanto cuando se habla de poblaciones más o menos extensas, como cuando se valora la salud de un individuo en concreto.

La salubridad general del ambiente que envuelve al individuo está determinada por condicionantes económicos y sociopolíticos. Es sabido que las personas o poblaciones que viven en precarias condiciones higiénicas determinadas por la pobreza, con una nutrición deficiente, contaminación de aire y aguas, viviendas de mala calidad, estrés psicosocial, inseguridad, sistemas sanitarios preventivos y asistenciales poco eficientes o incluso inexistentes, tienen muchas más probabilidades de enfermar, tener una esperanza de vida más corta y mayores índices de morbilidad y mortalidad en todas las etapas de la existencia cuando se las compara con poblaciones con mejores condiciones de vida, además esto es gradual entre las poblaciones más ricas y las más pobres, y ocurre a lo largo y ancho de este mundo. Todos estos condicionantes son medibles en términos de salud de poblaciones y del bienestar individual y existen distintas disciplinas que se encargan de esta tarea.

La salud no depende ni debe depender exclusivamente de la medicina asistencial, ni del personal sanitario, ni de los sistemas asistenciales de salud, aunque sean una pieza clave en su mantenimiento. Confiar en que la pérdida de la salud nos la va a resolver siempre el sistema sanitario es un planteamiento al menos inocente. Creer que los Servicios de Salud nos van a aportar todas las medidas preventivas para evitar las enfermedades está lejos de la realidad y la experiencia de la medicina práctica va en este sentido.

Como antes decíamos, en la salud individual intervienen varios factores interrelacionados, pero una condición indispensable es el compromiso individual en el mantenimiento de la salud, que es la vertiente de lo que aquí nos interesa. Hay que ir olvidando una actitud frecuentemente observada en las pasadas décadas donde la salud era una competencia casi exclusiva de la sociedad o del Estado, el «Estado protector y paternalista» era un ente en el que depositábamos la confianza y la responsabilidad de nuestra propia salud de una manera casi exclusiva. Hay que adentrarse en la primera década del presente siglo para observar un cambio de paradigma, que acompañándose de un resurgir del individualismo, aparece una nueva postura en la que los individuos toman conciencia fehaciente de su compromiso con la propia salud en cuanto a la búsqueda y disfrute de la propia salud física y mental, apareciendo una nueva cultura de la salud.

Este compromiso individual con la salud ha ido creciendo conforme se ha incrementado la cultura en general, y así mismo han aumentado los conocimientos en temas de salud y sanitarios de la población durante las últimas décadas, aunque, sin duda, queda mucho por recorrer en este sentido.

El compromiso del individuo con su propia salud se basa en la toma de conciencia de, a nuestra manera de ver, dos principios básicos: a) tú eres el primer interesado en mantener tu salud pues eres el primer beneficiado y b) tú eres el principal responsable de adaptar unos hábitos de vida saludables y mantenerlos en el tiempo, siendo aplicable a cualquier edad y etapas de la vida.

Los estilos de vida saludables que implican unas costumbres, dietas, actividades de distintos tipos y control de factores de riesgo modificables de distintas enfermedades, abordados en los capítulos anteriores, llevan a un estado objetivo de salud medible respecto a morbilidad, frecuentación de consultas médicas o sanitarias, consumo de medicamentos y otros aspectos cuantitativos y cualitativos desde el punto de vista de la salud individual y de determinadas poblaciones. La sensación subjetiva del propio estado de salud que comprende la apreciación del individuo de su sensación de bienestar o malestar es básico en la valoración de la calidad de vida de las personas. Este estado de salud puede cuantificarse mediante distintos test, algunos de ellos autoaplicables, que son utilizados en la valoración de estados de salud de poblaciones. Así y como ejemplo de sus utilizaciones, en un estudio prospectivo español, con autoaplicación del test «estado de salud autopercibido» (SPH, siglas en inglés), realizado sobre una amplia población del centro de España, el grupo que percibía su estado de salud como «pobre» (dentro de una escala) se relacionó con un incremento significativo de demencia y enfermedad de Alzheimer, a lo largo de un seguimiento de varios años, cuando se comparaba con el grupo control. Por esto la percepción de un pobre estado de salud puede considerarse como un factor de riesgo predictivo e independiente de demencia (estudio NEDICES. Aging Clin Exp Res 2022 Jun; 34(6): 1275-1283.doi: 10.1007/s40520-021-02045-0. Epub 2022 Jan 13).

La «salud cerebral» es un concepto más actual y parejo al de «salud mental», este último tan extendido en la opinión pública, sobre todo, como consecuencia de la pandemia de la covid-19 y sus negativas consecuencias en la salud de la población a nivel mundial. Pero esta salud cerebral, que sería el bienestar físico y mental de nuestro cerebro, como órgano integrado en la fisiología de nuestro cuerpo, es la consecuencia de un funcionamiento adecuado del mismo en ausencia de enfermedades que trastornen su fisiología. Esto nos centra en lo que es el objetivo principal de este libro, que es la prevención de estas enfermedades explorando las medidas que a distintos niveles debemos de tomar para evitarlas.

Como hemos ido mostrando en los capítulos anteriores, la salud cerebral vista desde la perspectiva del compromiso individual para su mantenimiento es básica en la prevención de enfermedades cerebrales, tal y como se ha descrito en esos capítulos. Este compromiso se fundamenta en unos hábitos de vida saludables que deben adquirirse y mantenerse a lo largo de toda la vida.

Queremos aconsejar a nuestros lectores que eviten la información incierta o falsa sobre temas de salud, pero también sabemos que es difícil de valorar la veracidad o falsedad y la honestidad de muchas propuestas e informaciones difundidas por distintos medios sobre la salud, pero ante la duda debemos contrastarlas con literatura científica de calidad, medios de información oficiales y profesionales, sanitarios cercanos y acreditados, así como seguir los consejos de las autoridades sanitarias, es decir, desarrollar progresivamente una cultura sobre la salud que nos permita cierto grado de independencia en nuestras decisiones. También debemos exigir a las autoridades la detección y las posibles sanciones de este tipo de informaciones falsas, especialmente de aquellas que pueden afectar la salud y el bienestar de la población y proporcionar educación en los diferentes temas de salud que empodere a los individuos, les proporcione métodos de análisis y de toma de decisiones que les haga más autónomos respecto a las modas y de las presiones mediáticas. Esto debería practicarse desde fases tempranas de la vida y con una enseñanza reglada, por lo que aportamos una herramienta valiosa para moverse adecuadamente en estos ámbitos (70).

En los distintos apartados previos se ha descrito cuáles son y cómo controlar los factores de riesgo que nos llevan a desarrollar las distintas enfermedades que afectan al cerebro: como la hipertensión arterial, la diabetes, los trastornos de los lípidos, la obesidad, la adicción al alcohol o al tabaco, y otros factores de riesgo que por sí mismo o asociados pueden producir esas enfermedades. Igualmente, se abordó el tratamiento médico o la modificación de esos factores de riesgo mediante la aplicación de hábitos saludables de vida reconocidos científicamente y que son fundamentales en la prevención de enfermedades no solo cerebrales, sino de otros órganos corporales.

Seguidamente se exponen otros hábitos y estilos saludables que, de alguna manera, mejoran la calidad de vida de las personas y tienen efectos protectores sobre la salud cerebral, el estado anímico, el bienestar psíquico y la salud en general, tanto individual como colectiva. Estos hábitos o estilos de vida que a continuación se muestran, están avalados por publicaciones científicas de calidad, por instituciones nacionales o internacionales u otros organismos que proponen su aplicación al mayor número de población posible.

3.1. La cultura y las artes

Estas actividades humanas realizadas desde el inicio de la humanidad ayudan a mantener la salud mental y tienen un carácter sanador. Como ejemplos diremos que escuchar nuestra música favorita o disfrutar de un concierto, leer libros de nuestro interés, acudir a un museo o una sala de exposiciones contemplando sus obras de arte, asistir a obras de teatro, ver películas u otras amplias y diversas actividades culturales, son experiencias que nos transmiten un mensaje, que nos producen emociones y sentimientos. Todas ellas nos aportan conocimientos, activan nuestra memoria episódica y semántica, generan pensamientos y razonamientos, estimulan nuestro sentido crítico, originan nuevas ideas que tendemos a compartir con los demás, pueden modificar nuestras aptitudes y valores ante la vida y en muchas ocasiones son estimulantes, placenteras y divertidas, por tanto, mejoran nuestra calidad de vida.

Aficiones como por ejemplo la pintura, la escultura, la escritura, la música, el baile, la danza, el teatro u otras, realizadas con interés, con gusto y cierto grado de pasión, son actividades que pueden llenar en gran medida nuestras vidas, proporcionarnos conocimiento, mejorar nuestra autoestima y las relaciones con nosotros mismos y con los demás y aportarnos sentimientos y emociones positivas. La realización de estas actividades asiduamente nos satisface, nos estimula, nos desafía en la búsqueda de logros, lo que activa intensamente las distintas funciones cerebrales y corporales. Desde el punto de vista social aumentan las actividades y relaciones sociales, la inclusión, la cohesión, la cooperación, e incrementan la crítica y la justicia social y mejoran el comportamiento individual reduciendo los comportamientos anómalos y las dificultades de relación y, por último, la práctica de las artes juega un rol moral en el comportamiento de las personas.

En noviembre de 2019 y en apoyo de estas propuestas, la OMS, a través de su Oficina Europea, publicó un informe, avalado por una revisión de novecientos estudios científicos, en el que indican los beneficios de las artes y la cultura en general e insta a los gobiernos para que introduzcan la práctica de las artes y la actividad cultural en sus programas de salud. El informe expone cómo en general las artes ayudan al control de factores de riesgo como la diabetes, la hipertensión arterial o la obesidad y cómo mejora el sistema inmunológico, además de su beneficio en el control del estrés y de la depresión (71).

El Senado de España, en noviembre de 2020, hizo una declaración institucional donde animaba al Gobierno a incluir la cultura y el arte en la atención sanitaria con las siguientes palabras: «Debemos incluir arte y cultura en el marco de la atención sanitaria, ya que la música, el arte y las actividades culturales producen grandes beneficios para nuestro cuerpo y nuestras emociones» (Boletín Oficial de las Cortes Generales. Senado, 28 de septiembre de 2020).

Hoy en día se sabe que el cultivo de las artes, tanto como espectador o como protagonista, o ambos a la vez, son de gran importancia para la salud del cuerpo y la mente y ayudan en la recuperación de determinadas patologías. La cultura y las artes actúan positivamente sobre nuestro cerebro con un carácter multifuncional. Por una parte, conocemos que cualquier manifestación cultural o artística que nos interese llama nuestra atención potenciando la concentración y la elaboración de pensamientos, e incrementa la memoria en sus distintas facetas. Así mismo nos ayuda a posicionarnos ante el mundo, nos proyecta hacia nuestro entorno, relacionándonos más intensamente con él y con nuestros semejantes.

Existen datos de que la música beneficia la salud. Por ejemplo, interpretar música mejora le sistema inmunitario, ayuda al control de la glucosa y nos ayuda a manejar el estrés (72). La danza y el baile mejoran la glucosa sanguínea, beneficia a todo el sistema motor y la coordinación, contribuyendo a la regulación de los niveles de serotonina y dopamina, neurotransmisores fundamentales para mantener un buen estado de ánimo y prevenir la depresión (73). En general, todas las artes, tanto como espectador o partícipe directo, mejoran el estado de ánimo y son positivas en la prevención o tratamiento de los estados depresivos.

Las actividades creativas, como por ejemplo la pintura o la escultura son en sí mismas grandes activadores de las funciones cerebrales, estimulan las áreas visuales primarias y de asociación, y su conexión con áreas cerebrales frontales premotoras y motoras.

Desde el punto de vista neurobiológico, se sabe que la contemplación de obras de arte de distinto tipo, especialmente las dotadas de una gran belleza, aumentan la producción de dopamina en las zonas frontales del cerebro, así como un aumento de endorfinas, lo que conlleva sentimientos de placer.

En el conocido como síndrome de Stendhal, descrito por la psiquiatra italiana G. Magherini (74), que se basa en la propia descripción de lo que le ocurrió a este autor francés del siglo XIX cuando salía de visitar la basílica de la Santa Croce en Florencia y que, según describe el autor en su libro *Roma, Nápoles y Florencia*, publicado en 1817, dice así: «Había llegado a ese punto de emoción en el que se encuentran las sensaciones celestes dadas por las Bellas Artes y los sentimientos apasionados. Saliendo de Santa Croce, me latía el corazón, la vida estaba agotada en mí, andaba con miedo a caerme».

Esto puede ocurrir a viajeros sensibles que visitan obras de arte cargadas de extrema belleza y que, ante su contemplación, pueden presentar distintos síntomas, como palpitaciones o taquicardias, sudoración, fatiga, cansancio, presión en el pecho, mareos, visión borrosa, alegría o tristeza extrema, incluso desorientación, alucinaciones, ansiedad o nerviosismo incontrolable. En este trastorno psicosomático no bien conocido es posible que se activen distintos circuitos, como los dopaminérgicos, los serotoninérgicos u otros, y exista un incremento de la adrenalina y el cortisol, es decir una verdadera «tormenta de neurotransmisores», que llevaría a esta experiencia tan peculiar e intensa, y que nos muestra cómo la fuerza de la creación artística es capaz de inducir reacciones tan intensas en nuestro sistema nervioso. Muchas personas, en diversos grados, tienen o han tenido estas sensaciones ante la contemplación de obras de arte en general de gran belleza. Y esto se extiende a toda la humanidad y a distintas culturas, lo que le da un sello de veracidad a una reacción generalizada del cerebro humano ante el arte y la belleza.

También se sabe que las actividades creativas aumentan las conexiones entre distintos circuitos cerebrales, con incremento de la conectividad funcional entre la corteza visual y otras áreas cerebrales. Muchos investigadores sugieren que, al igual que la actividad física mantiene en forma al cuerpo, contemplar y crear arte puede ayudar a mantener más activa la mente a lo largo de nuestra vida, abrir caminos exploratorios y hacernos más lúcidos y felices.

En la actualidad las actividades artísticas se utilizan como terapia (arteterapia) en distintas situaciones psíquicas o psicopatológicas y podrían tener efectos preventivos en el desarrollo de la demencia. Como antes indicamos, el aprendizaje de pintura, escultura, u otras artes, ayudan a mantener la atención y la concentración, mejoran el control emocional, el autoconocimiento o la autoestima y estimulan la interacción con otras personas y la comunicación social. Dado sus efectos beneficiosos, este tipo de actividades está claramente indicado en la prevención de demencias y del deterioro propio del envejecimiento, aparte de que en cualquier etapa de la vida ayuda a mantener la salud cerebral.

3.2. La lectura, la escritura y la creación literaria

Estas son actividades que estimulan extensas áreas cerebrales, las cuales relacionan las áreas del lenguaje con otras áreas del cerebro. Ya nuestro premio nobel D. Santiago Ramón y Cajal recomienda la lectura bien dirigida en todas las fases de la vida y especialmente en edades avanzadas, por sus efectos beneficiosos en distintos aspectos de la salud (75).

La actividad intelectual no solo nos proporciona conocimiento, sino que nos aporta también mejora emocional, control del estrés, autoconocimiento y, en general, como en el cultivo de todas las artes, una mejora de la autoestima y pueden ser una razón más para vivir. El comentario en grupo de obras literarias está especialmente recomendado no solo como incentivo cultural, sino como activador de la memoria, el razonamiento y las relaciones sociales que surgen entre el grupo.

La lectura y escritura pueden ser importantes fuentes de salud y placer pues tienen efectos sobre el sistema nervioso autónomo y especialmente cuando disfrutamos de ellas disminuyen la tensión arterial, el ritmo cardíaco y los niveles sanguíneos de cortisol. La lectura nos pone en contacto con el mundo de los autores que leemos y por tanto con el mundo exterior trasladándonos a otras formas de ver las cosas y otras culturas, y además la lectura intensiva es un preludio o estímulo para la escritura.

En los procesos de escritura y lectura, resumiendo mucho su complejidad, se estimulan amplias zonas cerebrales, como el área visual, las áreas relacionadas con el lenguaje ya tratadas anteriormente, áreas prefrontales respecto a memoria de trabajo y otras vinculadas con la memoria semántica y autobiográfica. Dependiendo del tipo de lectura (poesía, novela, ciencia, ensayo, ficción, etc.) se pueden activar distintas áreas del cerebro estimulando, por tanto, una compleja red de estructuras que pueden llegar a implicar al cerebro en su conjunto y que requieren una perfecta coordinación para la comprensión y almacenamiento de lo que leemos. En la escritura se añaden además la participación de áreas premotoras, motoras, subcorticales o el propio cerebelo, para integrar los específicos movimientos de la escritura, además de añadir el proceso de creación no solo semántico y ortográfico sino la imaginación y sentimientos que pueden albergar la escritura (ver parte III. «Fisiología cerebral»).

Estas actividades incrementan las conexiones sinápticas, aumentan la reserva cognitiva de nuestro cerebro, básicamente por la mejora de la memoria. El pensamiento lógico y abstracto, la imaginación, la mejora del vocabulario y la oratoria producen empatía, nos ayuda a marcar metas y nos educa en las cosas de la vida, y de aquí todos sus efectos beneficiosos y preventivos frente al envejecimiento y el deterioro cognitivo. Además, son una fuente de placer y nos animan a seguir viviendo.

Por todo ello debe promocionarse la lectura y la escritura como medio de protección de la salud cerebral, de todo nuestro organismo y como medio de promover el bienestar social.

3.3. La música

Es otra de las artes que ha sido abordada desde el punto de vista de las neurociencias. Como ya se dijo, por sus efectos beneficiosos para la salud en general es considerada como un hábito saludable, tanto escucharla como ejecutarla. La música tiene una relación estrecha con otras artes como la danza, la literatura, la pintura, el cine, etc., y tanto su percepción como su producción tienen su base en nuestro cerebro. No se ha encontrado un centro funcional cerebral específico para la música pues, al contrario, con técnicas de RM funcional se ha demostrado que tanto en la composición como en la interpretación o en su percepción, están implicadas múltiples áreas cerebrales, aunque parece que la musicalidad reside más en el hemisferio cerebral derecho, especialmente en su región temporal.

También se ha mostrado que la música actúa sobre el hipotálamo y otras estructuras cerebrales profundas y estimula la producción de serotonina (neurotransmisor cerebral implicado en múltiples funciones) y reduce la del cortisol, con efectos beneficiosos sobre el control del estrés, la ansiedad y la tensión arterial.

La música mejora la memoria para aquellos que la interpretan o aprenden nuevas piezas musicales y, además, la composición activa múltiples áreas cerebrales, entre ellas las áreas motoras suplementarias y del lenguaje y las conexiones con el cerebelo o su propia corteza. Por otra parte, la música provoca respuestas emocionales más o menos intensas, mediadas por los sistemas dopaminérgicos con actividades de áreas relacionadas con el placer cuando la música escuchada resulta placentera, espacialmente con la música tonal, mientras que la música atonal activa áreas del sistema límbico relacionadas con sensaciones displacenteras, aunque las respuestas emotivas dependen del conocimiento y experiencia previa individual en el universo musical.

Además, compartir la audición de la música o su ejecución nos une con otras personas en una experiencia o conexión emocional, determinada en cierta manera, por el ritmo musical que, aplicado en muchas actividades humanas, potencian la solidez del grupo.

La utilidad de la música como terapia —musicoterapia— puede ser beneficiosa en las demencias, enfermedad de Parkinson, ictus, o distintos trastornos emocionales, y se ha asociado a un aumento de la transmisión dopaminérgica cerebral. En las personas de avanzada edad, la música podría atenuar el avance del deterioro cognitivo, además de los importantes beneficios anímicos que puede aportar (76, 77, 78).

3.4. La estimulación cognitiva

Esta consiste en una serie de ejercicios reglados, con el objetivo de mantener o incrementar las capacidades mentales de las personas a lo largo de su vida. Pueden tener un soporte tradicional en papel, o soporte digital, y ambos se basan principalmente en aumentar la reserva cognitiva, mejorando la memoria, el razonamiento, las funciones ejecutivas y la velocidad de procesamiento mental e intentan potenciar la seguridad y autoestima de los sujetos que la realizan. Existen formas de estimulación menos regladas, como hacer sopas de letras, crucigramas, sudokus, realizar puzles o rompecabezas, jugar a las cartas, al ajedrez, al parchís o al dominó, u otras actividades similares que, cuando no son individuales, se benefician también de la relación social. Hay indicios de que estas actividades pueden mejorar el rendimiento cognitivo en general en sujetos mayores o incluso enlentecer el declinar propio de la edad.

Según el NIA (*National Institute on Aging*-US National Institute of Health), el entrenamiento cognitivo basado en computadores mejoran la memoria, el razonamiento, el lenguaje, y este tipo de entrenamiento es aconsejable dado que pueden mejorar la realización de las actividades de la vida diaria, aumentando la reserva cognitiva y, aunque hay indicios de que estas actividades pueden mejorar el rendimiento cognitivo en general en sujetos mayores, no hay evidencias probadas de que ayuden a retrasar o enlentecer el declinar cognitivo relacionado con la edad y tampoco hay evidencias de que pueden prevenir o retrasar la aparición de la EA .

La Fundación Cochrane, basándose en el análisis de múltiples estudios, sugiere que la realización de actividades mentales estimulantes a lo largo de vida adulta aumenta la reserva cognitiva y puede disminuir el riesgo de demencia, y ha realizado un estudio sistemático sobre las publicaciones de estimulación cognitiva por ordenador u otros métodos digitales llegando a al conclusiones de que actualmente: «No se pudo determinar si el entrenamiento cognitivo por ordenador es efectivo para mantener la funcionalidad cognitiva global en adultos sanos de edad madura» (79).

Si se acude a Internet, existen numerosas páginas donde se accede a estos ejercicios de distintas calidades, muchos de ellos con soporte digital, pero antes de iniciar un programa de este tipo debe existir un adecuado asesoramiento de profesionales de la salud que conozcan este campo, pudiendo aplicarse tanto a personas sin deterioro cognitivo como en aquellas que comienzan a mostrar síntomas, y nunca deben sustituir a una actuación médica en aquellos casos que lo precisen.

En el caso de ya existir un deterioro cognitivo más o menos grave, las Asociaciones de Pacientes con deterioro cognitivo o demencias, ampliamente extendidas en nuestro país, son una buena fuente de información y asesoramiento.

Basándonos en estos datos, aconsejamos que la estimulación cognitiva reglada con programas específicos debe ser prescrita y dirigida por profesionales especializados en estos temas, como neuropsicólogos, psicólogos u otros profesionales sanitarios entrenados en estos métodos de estimulación.

3.5. El ejercicio físico y los distintos deportes

Estas actividades tienen unos efectos beneficiosos generales para la salud y, como ya indicamos anteriormente, pueden actuar preventivamente en el desarrollo de la EA y probablemente en otras demencias. Actualmente hay una fuerte recomendación de la OMS para su realización en este sentido preventivo (53, 54).

El ejercicio físico controlado y realizado con constancia es altamente beneficioso en todas las edades de la vida y repercute especialmente en la salud de las personas mayores, debiéndose adaptar a las posibilidades de cada uno según su edad y estado físico. Como se indicó en el apartado de ejercicio físico e ictus, su realización mejora la salud cardiovascular y el control de trastornos metabólicos como la diabetes y las dislipemias, pero además tiene amplios beneficios psicológicos, produce sensación de bienestar y en algunos deportes se potencian las relaciones sociales con el beneficio añadido que esto conlleva.

Por otra parte, el ejercicio y los deportes tienen evidentes efectos favorables sobre la cognición, especialmente la memoria y las funciones ejecutivas; aumenta la masa osteomuscular y el equilibrio corporal, con el importante beneficio de una mejora funcional en nuestros desplazamientos, evitando caídas y sus graves consecuencias en la edad avanzada. Por otra parte, la actividad física debe realizarse incluso cuando las condiciones físicas o mentales están muy mermadas ya que siempre se obtendrá una mejoría y bienestar por pequeña que sea.

A nivel cerebral hoy sabemos que el ejercicio físico aumenta su metabolismo y el flujo sanguíneo incrementa la neurogénesis (nuevas neuronas) en la amígdala, corteza prefrontal e hipocampo, reforzando también las conexiones sinápticas y la producción de neurotransmisores como la dopamina, serotonina y endorfinas, con distintos efectos, entre ellos el control del estrés y la ansiedad, la mejora del ánimo y la producción de una sensación placentera. También se ha mostrado en distintos estudios que no solo mejora las capacidades cognitivas, sino que puede tener efectos positivos respecto a prevención de la EA o bien retrasar su inicio o el paso del DCL a dicha enfermedad.

No existe un ejercicio o deporte que haya demostrado ser más beneficioso que otros respecto a su capacidad preventiva de enfermedades cerebrales, y deberá adaptarse a la edad, a las condiciones físicas y otros intereses individuales. Desde aquí queremos llamar la atención de que el ejercicio físico y el deporte son de las actividades más importantes en el ámbito preventivo, debiendo formar parte de un estilo de vida saludable.

Existen muchas guías y propuestas del tipo de ejercicio, especialmente aeróbico, indicando el tiempo de realización y su intensidad, recomendando a nuestros lectores la del Ministerio de Sanidad de España (80).

En nuestro país, en algunas comunidades autónomas, se han iniciado programas de ejercicio físico prescritos desde los centros de atención primaria, donde sus médicos indican determinados tipos de ejercicios según la situación y necesidades de cada paciente, monitorizados y seguidos por profesionales de la actividad física y el deporte con el objetivo de conseguir y optimizar los máximos beneficios que el deporte aporta a la salud.

3.6. Taichí, yoga y otras prácticas.

En las últimas décadas, en el mundo occidental se han extendido estas prácticas de origen oriental que han mostrado evidentes efectos beneficiosos para la salud en general y para el estímulo del sistema nervioso en particular.

La práctica del taichí mejora la fuerza muscular, la flexibilidad de los movimientos, el equilibrio corporal, la concentración y el acondicionamiento aeróbico. Según publicaciones de la Universidad de Harvard, esta práctica es altamente aconsejable para el control del insomnio, y puede tener un efecto coadyuvante en el control de la HTA y la diabetes (81). Hay publicaciones controladas en portales específicos de distinta consistencia, donde se reportan estos beneficios y su demostración en la mejora de la plasticidad neuronal con medios como la RM cerebral (82). También se han mostrado sus efectos beneficiosos en la movilidad y el equilibrio en pacientes con enfermedad de Parkinson (83, 84).

El yoga también tiene efectos beneficiosos sobre la capacidad de mantener la atención, reduce el estrés y la ansiedad, mejora los síntomas depresivos, puede ayudar a controlar la HTA y su práctica a largo plazo contribuye a mantener la flexibilidad corporal, el balance muscular, evitando las caídas e incrementando la confianza en sí mismo y la autoestima (85).

Algunas otras prácticas como el pilates han mostrado mejoras en algunos aspectos cognitivos, pero no claros efectos preventivos (86), así como el aerobic que, aparte de la mejora en la salud física en general, puede tener beneficios en el estado de ánimo y mejoras en la concentración y agilidad.

3.7. Paseos por la naturaleza

Esta práctica además de proporcionar ejercicio físico tiene efectos beneficiosos contrastados sobre la salud física y mental de aquellos que lo ejercitan. El contacto con la naturaleza en sus diversas formas proporciona importantes beneficios psicológicos, mejoran la memoria de trabajo, la atención y la concentración, ayudan al control de las emociones y del estrés. Esto sucede en cualquier momento del curso de la vida, siendo también útil en pacientes con diversas enfermedades y en aquellos con deterioro cognitivo.

La vida actual, centrada en las ciudades, tiene escasas posibilidades de un contacto continuado con la naturaleza, y todo aquello que nos ofrece. Esta forma de vida urbana debería compensarse con un mayor acercamiento a la naturaleza. Es importante iniciar esta práctica desde la infancia y mantenerla el mayor tiempo posible a lo largo de la vida, formando parte del desarrollo equilibrado del individuo.

Los conocidos como «baños de bosque», basado en el arte y filosofía del *shinrin-yoku* japonés (87) consisten en una técnica de contacto con la naturaleza con paseos por los bosques o por el campo en general, que pueden realizarse en grupo, con o sin guía especializado en esta técnica. Distintas investigaciones, especialmente japonesas, han mostrado que la realización con cierta frecuencia de estos baños se relaciona con menor riesgo de sufrir trastornos emocionales y psicológicos o enfermedades mentales, un mejor control de la hipertensión arterial, de la diabetes y de la obesidad, así como una facilitación de la disminución del riesgo de enfermedades neurológicas, respiratorias y cáncer.

Estos beneficios aportados por esta práctica se han hecho eco en los ámbitos sanitarios y ya algunos médicos los recomiendan a sus pacientes para distintas afecciones, y los sistemas de salud empiezan a interesarse por las mejoras en salud que su práctica aportaría a un número importante de pacientes y como base preventiva de muchas enfermedades. Existe abundante información en Internet sobre esta técnica, sobre sus beneficios y cómo y dónde realizarla.

3.8. Las relaciones sociales

La socialización en sus distintas vertientes es importante para el mantenimiento del bienestar, la salud y la prevención del deterioro cognitivo. El ser humano es sociable por naturaleza y ya desde la infancia aprendemos a interactuar con nuestro prójimo, lo que es clave para obtener un desarrollo cognitivo, emotivo y conductual adecuado. Las relaciones con los demás nos enriquecen a lo largo de la vida y desde el núcleo familiar se extienden a otros familiares, amigos, conocidos, compañeros de trabajo, etc., siendo el eje de gran parte del comportamiento humano. La interacción social está relacionada con varias áreas cerebrales y estimulan el lenguaje, la memoria, la capacidad de planificación y organización de nuestros eventos vitales y las funciones ejecutivas, además de potenciar sentimientos y emociones de amistad, empatía y reconocimiento del otro (teoría de la mente), cercanía con los demás, o seguridad de pertenencia a un grupo. Todo ello relacionado con la actividad del sistema límbico y otras áreas cerebrales implicadas en las emociones. Por otra parte, las relaciones entre humanos tienen claros efectos saludables sobre enfermedades tan comunes como la diabetes o la hipertensión arterial y pueden ayudar a prevenir o tratar la ansiedad o la depresión. Un metaanálisis sobre más de ciento cuarenta estudios con más de 300 000 participantes ha encontrado que las personas que mantenían unas relaciones sociales sólidas tenían una supervivencia un 50 % superior respecto a las que tenían unas relaciones más débiles (https://doi. org/10.1371/journal.pmed.1000316).

Con el transcurso de la vida, y en especial en edades avanzadas, nos jubilamos, perdemos a familiares, a amigos o compañeros de trabajo y nuestro círculo social tiende a reducirse y empobrecerse, en ocasiones agravados con la pérdida de familiares cercanos o la pareja. Estas situaciones vitales hacen que en muchas ocasiones sume a la persona que lo sufre en una situación de soledad, aislamiento y deprivación social. Los médicos y psicólogos clínicos conocen el impacto negativo en la salud de los pacientes con estas pérdidas vitales, cuya soledad en edades avanzadas los llevan a una situación de ansiedad y depresión en ocasiones muy nociva.

Por otra parte, debemos resaltar los beneficios de las relaciones sociales en el mantenimiento de la reserva cognitiva cerebral y la prevención del deterioro cognitivo y las demencias. En poblaciones seguidas durante largo tiempo se ha visto un incremento significativo del DCL y de la demencia tipo Alzhéimer en personas con escasa relación social, aislamiento y soledad, concluyendo que las conexiones sociales confieren cierta protección para la salud cognitiva y respalda la oportunidad de intervenciones sociales de distinto tipo para mitigar el aislamiento y la soledad, especialmente en poblaciones desfavorecidas (88).

Actualmente, y con el objetivo de mantener una buena salud física y mental, así como una prevención del deterioro cognitivo, sobre todo en personas de edad avanzada, se recomienda firmemente el mantenimiento de las relaciones sociales: como por ejemplo, fomentar la relación con familiares cercanos, vecinos y amigos de siempre; reservar un tiempo diario para dichas relaciones; realizar actividades lúdicas de distinto tipo con las personas cercanas; usar nuevas tecnologías y conectarse a través de ellas; participar en asociaciones donde se fomenten las actividades y las relaciones sociales; etc. Estas recomendaciones pueden ser implementadas no solo en personas mayores como medio para mejorar su salud, sino como medio preventivo o como un procedimiento para tratar el DCL y la EA.

En distintos países, siguiendo las directrices de la OMS (Organización Mundial de la Salud), se han potenciado programas de apoyo a un envejecimiento saludable, donde se establecen procedimientos de integración de los mayores en diversas formas de relaciones sociales, con una prescripción precisa de las mismas según las necesidades individuales y de forma personalizada (a los interesados en este tema le aconsejamos visiten la página web de la OMS, en promoción del envejecimiento saludable).

Todas estas medidas, cada vez más extendidas en su práctica social, requieren una alta colaboración entre distintas entidades e instituciones, como las asociaciones de vecinos donde más se arraiga el voluntariado, asociaciones de pacientes que sufren demencia ampliamente extendidas en nuestro país, los ayuntamientos, el sistema sanitario y las instituciones políticas y administrativas que se relacionan con la salud y el envejecimiento.

3.9. El optimismo

La actitud optimista, interpretada como aquella expresión del temperamento humano que se caracteriza por ver y percibir la vida de una forma positiva, vital y esperanzadora ante los acontecimientos que se nos presentan en lo largo de nuestra existencia, tiene un importante impacto positivo sobre la salud de los que la experimentan.

Como explica el psiquiatra Luis Rojas Marcos: «El optimismo no es un simple rasgo temperamental, sino que consiste en un conglomerado de elementos que forman nuestra personalidad y configuran nuestra forma de vernos a nosotros mismos y de valorar los sucesos que vivimos. Estos ingredientes colorean nuestra visión del mundo y de nuestro destino. El termómetro del optimismo analiza y mide, en primer lugar, la esperanza global que tenemos sobre el futuro en general, así como la esperanza activa, que, además de hacernos ver como posibles las metas que anhelamos, estimula en nosotros la confianza para tomar medidas y alcanzar los objetivos específicos que nos proponemos» (16). Esta excelente descripción del optimismo que, como forma de «estar en el mundo», nos puede aportar importantes beneficios a nuestra salud en general y a la mental en particular.

En estudios de seguimiento realizados en poblaciones de miles de personas se ha encontrado que los optimistas tienen más longevidad y menor incidencia de enfermedades cardiovasculares, respiratorias, cánceres, depresión, accidentes y suicidios, además, por el contrario, se ha observado que las personas pesimistas con una actitud derrotista ante la vida sufren más de problemas vasculares, cánceres, depresión y accidentes.

Es probable que una actitud positiva ante la vida con un lenguaje interior constructivo y esperanzador optimiza las funciones de los sistemas inmunológico, endocrino, vascular y respiratorio. Y puede que todo esto en su conjunto mejore la salud en general, protegiendo al cerebro de ciertos grados de estrés y de posibles complicaciones de enfermedades sistémicas, existiendo claros indicios de que mejoran la salud cerebral.

Por otra parte, cuando existen enfermedades crónicas de distinta naturaleza, hay evidencias de que las actitudes positivas ante la vida permiten a los pacientes crónicos alargar su supervivencia y mejorar la calidad de vida del día a día, basada sobre todo en perspectivas esperanzadoras. Los médicos clínicos saben percibir estas actitudes de algunos pacientes, al contrario de las actitudes desesperanzadas y el fatalismo de otros que inciden de forma tan negativa en la percepción y evolución de sus enfermedades.

El optimismo, como parte de un temperamento, en gran parte heredado, también se puede adquirir a lo largo de nuestra vida gracias a nuestra capacidad de aprendizaje, moldeando nuestra manera de ser, potenciando aquellas perspectivas positivas y optimistas. Es bueno luchar contra aquellas actitudes y tendencias negativas que todos tenemos en algún momento, para que no se cronifiquen en nuestro carácter y nos lleven a una a postura pesimista ante las distintas situaciones que nos depara la vida (16).

En los anteriores apartados hemos aportado una serie de actitudes y actividades que, en general, han demostrado que mejoran la salud física y mental y por tanto la propia salud cerebral, manteniendo en el presente una buena funcionalidad, como en el sentido preventivo de determinadas enfermedades que puedan afectarlo. Nuestros lectores habrán apreciado las grandes ventajas de mantener un cerebro sano con un funcionamiento adecuado y su gran importancia en el bienestar y la felicidad a lo largo de la vida.

Además de las actividades anteriormente abordadas, existen múltiples actividades, que, por extensión del propio texto, no hemos podido abarcar, pero que son claramente beneficiosas para el buen funcionamiento de nuestro cerebro y nuestra mente. Todas aquellas que activen acertadamente nuestro sistema nervioso son de gran ayuda en el mantenimiento de las funciones de nuestro cerebro y sus procesos mentales. Las propuestas aportadas, se han basado en evidencias científicas de distinta calidad, pero siempre contrastadas y por tanto con alto grado de certeza.

CAPÍTULO IV
CÓMO ALCANZAR UN
ENVEJECIMIENTO CEREBRAL SANO

En el apartado de este libro sobre el envejecimiento cerebral normal hemos descrito aquellos cambios fisiológicos de nuestro cerebro que se producen con la edad avanzada y afectan tanto a la cognición, al comportamiento, a la movilidad y a otras facetas de la vida, cambios que son inexorables, aunque con manifestaciones e intensidad variable entre las personas.

Si los anteriores consejos para mantener una buena «salud cerebral», y de todo nuestro organismo, deben practicarse a lo largo de toda la vida, ahora vamos a abordar algunos consejos para el mantenimiento de la salud de nuestro cerebro en las edades avanzadas.

Desde la antigüedad se tiene interés por el envejecimiento y por la lucha contra él, como bien lo expresa Cicerón varias décadas a. C. en sus escritos diálogos *Sobre la Vejez,* con las siguientes palabras puestas en boca de Catón el Viejo: «Hay que resistir a la vejez, Lelio y Escipión, y compensar con diligencia sus problemas: hay que pelear contra la vejez como contra la enfermedad. Hay que cuidar la salud, hay que hacer ejercicio moderado, hay que comer y beber para reponer las fuerzas, no para aplastarlas. Y no solo hay que ayudar al cuerpo, sino mucho más a la mente y al ánimo, pues estos también se extinguen en la vejez, como la lámpara si no se impregna de aceite. Los cuerpos se hacen más pesados al cansancio del ejercicio; las mentes, al revés, se aligeran haciéndolo». Estas sabias palabras escritas hacen más de dos mil años resumen todo un compendio de conocimientos que se han mantenido hasta la actualidad y marcan las directrices de la buena salud física y mental en la vejez.

Durante el pasado siglo hubo un gran desarrollo de la psicología en sus diferentes corrientes de pensamiento, que nos permitió, junto a otras disciplinas dentro del ámbito de las neurociencias, una amplia comprensión del funcionamiento de la mente humana y que puso las bases para la explosión de conocimientos de las dos décadas del presente siglo, ayudado por las nuevas técnicas computacionales.

Una de las corrientes de pensamiento de la psicología representada por Abraham Maslow (1908-1970), conocida como «psicología humanista» planteó la teoría de las «jerarquías de las necesidades humanas», y mostraba cómo una pirámide donde la base está comprendida por las necesidades fisiológicas básicas, como respiración alimentación, descanso, sueño, y sexo, que nos permiten mantener la homeostasia corporal; el segundo nivel, representado por las necesidades de seguridad, protección y sentirse fuera de peligro; el tercer nivel sería las necesidades de amor, sentirse aceptado y permanencia a un grupo; el cuarto, serían las necesidades de autoestima y valoración por los demás; por último, el quinto nivel, sería el sentimiento de autorrealización. Cada nivel necesita del anterior para su satisfacción, funcionando al unísono e interrelacionados y como un sistema de adaptación al medio en el ser humano desarrollado. Este sistema de adaptación e interacción con el medio debe mantenerse a lo largo de la vida y, por supuesto, durante la vejez, como un sistema garante de nuestra salud física y mental (89).

No existe una edad concreta en que comience el deterioro de las etapas avanzadas de la vida o de la senectud, y es probable que esté determinado por factores genéticos, ambientales o enfermedades previas de cada individuo, sin que esté dilucidado hoy en día la carga que cada uno de esos factores supone en el proceso del declinar vital. También hay que entender que en el anciano suele haber unas deficiencias orgánicas múltiples más o menos acentuadas, muchas veces sin gravedad suficiente para que se muestren clínicamente, pero que su suma conlleva una susceptibilidad creciente al deterioro orgánico y a la enfermedad.

En la actualidad, en España, el 21 % de la población es mayor de 65 años, y los mayores de 80 años suponen ya el 6 % de la población, según datos del INE de 2021. Existe una clara tendencia a un incremento de la población por encima de estas edades, al igual que ocurre en la UE y que, junto a un descenso en las poblaciones jóvenes e infantiles, supone un claro envejecimiento poblacional cada vez más acentuado, como es de todos conocido y con las repercusiones sociales, sanitarias y económicas que esto implica.

Este envejecimiento poblacional que no solo afecta a la UE, sino que es un fenómeno a nivel global, supone un incremento de los problemas propios de la vejez, entre los que se encuentra un aumento de la incidencia y prevalencia de las enfermedades neurodegenerativas, las cardiovasculares, entre ellas el ictus, el cáncer, las osteomusculares, la depresión y otros trastornos mentales, etc. Esto plantea un importante reto de salud pública a nivel global, y por supuesto en la UE. Pero también el envejecimiento sano supone un reto sociosanitario importante, pues de él depende la salud general de esa población, las consecuencias económicas individuales y colectivas y su repercusión social.

Aunque actualmente hay medidas institucionales y sociales de muy distinto tipo que ayudan y promueven ese envejecimiento sano, probablemente y por mucho que se incrementen nunca serán suficientes si no hay una conciencia general en la población de que esto también es un problema individual que nos atañe a cada uno de nosotros, que somos los depositarios y gestores más importantes de nuestra propia salud. Solo teniendo claro estos conceptos conseguiremos una sociedad más sana, que alivie esa carga sociosanitaria cada día más creciente y difícil de manejar por los sistemas sanitarios, las instituciones sociosanitarias y la sociedad en general.

4.1. Pautas para un envejecimiento cerebral sano

Como ya indicamos en el envejecimiento cerebral normal existen pautas que ayudan a mantener nuestra reserva cognitiva que, de alguna manera, se traducen en una disminución de pérdida neuronal y de sus conexiones. A continuación, y siguiendo nuestra línea preventiva, se dan unos consejos considerados básicos para mantener un envejecimiento cerebral sano, reiterando que deben adoptarse desde épocas tempranas de la vida:

1. Dieta saludable: Se abordó con detalle en los apartados del ictus y de la EA, y volvemos a aconsejar, para la población de nuestro país, una dieta mediterránea como la más idónea para mantener una buena salud cerebral en todas las etapas de la vida. La dieta mediterránea deberá adaptarse a cada una de las etapas de la vida y según la aparición de enfermedades que precisen dietas especiales, como la diabetes o las dislipemias o un incremento del ácido úrico. Debe evitarse el alcohol o disminuir su consumo en cualquiera de sus presentaciones. Hay que valorar individualmente y durante las edades avanzadas el aporte farmacológico de vitaminas según la situación de cada persona y esto debe hacerse siempre con la valoración de su médico.

2. Dormir bien: Como ya se expuso en la prevención de la EA, en el apartado del sueño, es importante mantener un sueño reparador a lo largo de la vida, con las horas y calidad adecuadas, para lo que es preciso realizar una higiene del sueño. La calidad del sueño es clave para mantener una buena salud a cualquier edad, pues, como se explicó, está relacionado con importantes procesos metabólicos a nivel sistémico y cerebral. Dormir bien proporciona un envejecimiento saludable.

En el adulto mayor y en el anciano son frecuentes distintas patologías del sueño, como el insomnio, los trastornos del ritmo de sueño, trastornos respiratorios (apnea obstructiva del sueño o apnea central), síndrome de piernas inquietas o trastornos del movimiento periódico de las piernas que dificultan severamente el sueño y el descanso. Algunos de estos trastornos pueden ser transitorios, durando unos días o semanas, pero cuando se mantienen en el tiempo deben ser consultados con su médico, dado que estas alteraciones pueden asociarse a diferentes enfermedades y tienen distintos tratamientos. Los adultos mayores o ancianos con alguna enfermedad crónica o depresión tienen una mayor incidencia de estos trastornos.

Deben evitarse los fármacos inductores del sueño, habitualmente benzodiacepinas, por sus efectos secundarios a medio y largo plazo, ya que pueden deteriorar seriamente la calidad de vida. El tratamiento debe realizarse durante cortas temporadas y siempre mediante la vigilancia de su médico.

3. *Ejercicio físico*: Tratado en los apartados de ictus y de la EA, las recomendaciones se consideran aplicables en este apartado. Debe valorarse siempre como prioritario el ejercicio aeróbico, realizado diariamente al menos durante media hora y adaptarlo individualmente según condiciones físicas y preferencias de cada sujeto. También es útil la realización de ejercicio aeróbico de mediana intensidad al menos 150 minutos a la semana. En las edades avanzadas deben evitarse los ejercicios con importante sobrecarga cardiovascular y osteomuscular, debiendo estar dirigidos por monitores profesionales con experiencia en el ejercicio de personas mayores.

Son aconsejables actividades como el Taichí, yoga, pilates, aerobic, senderismo u otros. Todas adaptadas a cada una de las etapas de la vida y realizadas con una cierta periodicidad y en condiciones adecuadas. Crear una cultura en este sentido es clave en la edad adulta, como medio eficaz para conseguir un envejecimiento sano.

4. *No fumar*. Como hemos indicado en los apartados previos, los probados efectos deletéreos del tabaco sobre la salud a cualquier edad implican su retirada, y esta puede realizarse en cualquier momento, pues siempre será beneficioso en la salud de los siguientes años, como también está demostrado. La mejor política es la prevención de su consumo en las etapas jóvenes de la vida.

5. *Sexualidad*: Mantener una actividad sexual saludable a lo largo de la vida es importante para tener una buena salud mental y esto también se extiende a la fase de envejecimiento. Las estructuras cerebrales relacionadas con la sexualidad son básicamente el sistema límbico y el hipotálamo, aunque estructuras corticales relacionadas con los sentidos y la movilidad tienen también su protagonismo en esta compleja función. Durante las relaciones y el acto sexual se liberan hormonas y neurotransmisores implicados en distintas funciones corporales y cerebrales, con importantes efectos beneficiosos sobre el sistema vascular, el cardiorrespiratorio, los órganos genitales y osteomuscular que ayudan a mantener la salud.

No hay datos claros de cómo actúan las relaciones sexuales sobre el cerebro en las etapas avanzadas de la vida. La estimulación y actividad coordinada y compleja de los distintos circuitos cerebrales que intervienen es seguro que ayudan a mantener una actividad cerebral sana. La sexualidad es una experiencia de todas las etapas de vida, y esto incluye también a la vejez.

6. Estimulación cognitiva: También tratada en apartados anteriores, podemos considerar que en personas de edad avanzada pero sanas y sin datos de deterioro de sus funciones mentales, la estimulación cognitiva no debe estar reglada, sino ajustarse e las necesidades y aficiones de las personas y deben realizarse el mayor número de actividades intelectuales, como la lectura y la escritura, aprender idiomas o música, pintura, escultura, alguna que otra labor manual, realizar crucigramas, sudokus, sopa de letras, asistir con frecuencia al cine, al teatro o algún otro espectáculo, viajar y cualquier otro estímulo cognitivo e intelectual con emociones positivas, que serán siempre bienvenidas para mantener nuestra salud mental.

Existen programas de estimulación cognitiva en formato papel o digital de muy distintos tipos, calidades y complejidades, a los que se puede acceder por recomendaciones profesionales o a través de Internet. Si se opta por este tipo de estimulación no debe descuidarse la estimulación no reglada y que estos programas sean un mero complemento. Por otra parte, el programa debe estar adaptado al nivel cognitivo actual del sujeto, conocimientos previos y preferencias individuales, y nunca establecerlo como un reto o a conseguir la precisión total en su realización, sino que el objetivo sea mejorar la salud cerebral y que no sea fuente de fracaso o frustraciones. La realización de este tipo de programas de estimulación reglada debe estar prescrita, dirigida y seguida por profesionales en este campo, como psicólogos, terapeutas ocupacionales u otros que conozcan a la persona a la que va dirigido el programa para obtener su máxima eficiencia.

7. Relaciones sociales: Mantener unas buenas relaciones familiares, con los amigos y otras relaciones sociales en esta etapa avanzada de la vida, donde en muchas ocasiones ocurre la jubilación con las ganancias y pérdidas que esta supone. Entre las pérdidas del retiro laboral, está la falta del estímulo mental y/o físico del trabajo habitual, la privación de las relaciones con los compañeros de trabajo, clientes u otras personas y la pérdida de la rutina habitual, que tienen que ser sustituidas por otras ocupaciones y estímulos aportados por nuevas tareas o aficiones. Dentro de la estimulación cognitiva y emocional es importante mantener unas buenas relaciones con nuestros familiares y amigos de siempre, e incluso intensificarlas, socializar en nuevas áreas con nuevos compañeros de aficiones o tertulias, evitando en lo posible el aislamiento y la soledad.

Existen estudios que han aportado datos concluyentes sobre estos temas, como el estudio Harvard, con seguimiento de una amplia población durante muchos años, y que ha mostrado una clara correlación entre la salud individual, la salud mental e incluso la percepción de felicidad en relación con el mantenimiento de los lazos sociales en general, tanto en cantidad y calidad, especialmente con familiares y amigos (https://www.adultdevelopmentstudy.org).

Además de la estimulación cerebral, que en sí misma supone las relaciones con los demás y cómo se trató previamente, uno de los principales determinantes es la reducción del estrés con las relaciones sociales satisfactorias, lo que a su vez produce beneficios, como la disminución de la tensión arterial, mejora del metabolismo de la glucosa, se evitan los procesos inflamatorios crónicos, a la vez que se incrementa la precepción de bienestar y felicidad.

8. Mantener un buen estado de ánimo. En el adulto y el anciano sanos el estado de ánimo es fundamental para, en primer lugar, sentirse bien y en segundo lugar para abordar eficientemente las tareas diarias y las relaciones con los demás. El estado de ánimo y la depresión han sido abordados en apartados anteriores como un factor de riesgo de desarrollo de deterioro cognitivo. Es conocido como el bajo ánimo y la depresión impiden un desarrollo de la vida normal, inhiben los sentimientos de bienestar y felicidad y alteran las relaciones con las personas de nuestro entorno. Hoy sabemos que la depresión puede ser la antesala de la demencia y debe ser tratada cuando aparecen los primeros síntomas, tal y como se ha indicado en apartados previos.

Es difícil indicar cómo mantener un buen estado de ánimo pues, como de todos es sabido, este depende de muchos factores de la vida diaria, de acontecimientos vitales positivos o negativos acaecidos y del propio carácter de la persona que siempre tiene importantes determinantes genéticos. Todas las actividades descritas en este apartado de salud cerebral y hábitos de vida saludables, especialmente las que procuran al sujeto emociones positivas y sensación de bienestar, son actividades para elegir por sus efectos beneficiosos sobre el estado de ánimo y la prevención de la depresión.

9. Controlar los factores de riesgo vascular y de demencia. Son los mismos factores de riesgo anteriormente tratados en los distintos apartados de este libro, como son: la HTA, la diabetes, las dislipemias, la obesidad, el tabaco y otros, deben ser controlados y tratados a lo largo de toda la vida del sujeto, tanto en edades medias como en las etapas avanzadas. Hay que hacer un seguimiento de aquellos individuos que muestren alguno de estos factores o la suma de varios de ellos, pues es fundamental para mantener una buena salud en general.

El control, tratamiento y seguimiento de todos estos factores de riesgo deben hacerse siempre por personal sanitario, especialmente por el médico de atención primaria, que es el principal encargado de atender estas enfermedades y su prevención, para evitar sus consecuencias en la salud de amplios sectores de la población.

Hay un amplio consenso para llevar a cabo las distintas actuaciones de los diferentes niveles sanitarios, instituciones sanitarias y sociales que deben actuar en la prevención de los factores de riesgo que se han tratado a lo largo de este libro.

PARTE III

ACERCA DE LA ANATOMÍA, FISIOLOGÍA Y FISOPATOLOGÍA DEL CEREBRO HUMANO

ARA UNA COMPRENSIÓN MÁS AMPLIA DE LOS CAPÍTULOS ANTERIORES, añadimos esta parte dedicada a la anatomía, al funcionamiento del cerebro y a las formas de explorarlo en estado normal y patológico.

En el primer capítulo abordaremos someramente la anatomía cerebral humana, tanto desde el punto de vista estructural macroscópico como microscópico, describiendo el conjunto del encéfalo y cómo se organiza. Microscópicamente nos acercaremos a la neurona como célula clave del sistema nervioso, y a otras estructuras celulares que forman parte del tejido nervioso. También trataremos de la fisiología general del cerebro, con el objetivo de entender con una visión general y conjunta sus funciones.

En un segundo capítulo, nos aproximamos al cerebro y sus funciones a través de las manifestaciones clínicas, es decir, los síntomas y los signos que presentan los pacientes afectados por distintas lesiones cerebrales, y su evaluación con pruebas complementarias que nos permitan un diagnóstico certero de las enfermedades, así como lo que estas nos enseñan a cerca de las funciones del cerebro.

CAPÍTULO V
SOBRE LA ESTRUCTURA Y FUNCIONES DEL CEREBRO HUMANO

Desde la Grecia antigua, durante el siglo IV a. C., el gran médico griego y padre de la medicina occidental, Hipócrates (460-370 a. C.), ya consideraba el cerebro como el órgano de las sensaciones y el conocimiento. Como bien describe: «El hombre debe saber que de ningún otro lugar sino del cerebro proceden las alegrías, los placeres, la risa y las diversiones, y los dolores, penas, tristezas y lamentaciones. Y a través del cerebro, de manera especial, adquirimos la sabiduría y el conocimiento, y vemos y oímos y sabemos lo que son lo viciado y lo justo, lo que son el mal y el bien, lo que son lo dulce y lo amargo». También hace mención del compromiso del cerebro en las enfermedades mentales: «Y a través del mismo órgano nos convertimos en locos y delirantes». Y concluye: «Por todo ello soy de la opinión de que el cerebro ejerce el mayor poder sobre el ser humano» (94). Este planteamiento tuvo una gran repercusión en la intelectualidad de la época, donde la idea de que el corazón era el asiento del pensamiento y la conciencia dominaba el mundo intelectual fue apoyada por el propio filósofo Aristóteles (384-322 a. C), que siempre consideró el corazón como la sede del intelecto humano. Posteriormente, Galeno, que ejerció gran parte de su carrera en la antigua Roma

(130-200 d. C.) mantuvo la misma concepción hipocrática de las funciones cerebrales y le atribuyó también el control del movimiento corporal.

Esta visión de las funciones cerebrales persistió a lo largo de la Edad Media. En el Renacimiento hubo un gran desarrollo de la anatomía cerebral, llevada a cabo por el gran anatomista Vesalio (1514-1564) y por distintas escuelas durante los siglos XVII y XVIII, hasta converger en el fructífero siglo XIX, cuando se asientan sólidos fundamentos del desarrollo de la neurociencia, la neurología, la psiquiatría, la neurocirugía, y otras disciplinas.

Fue durante el siglo XIX cuando los trabajos de anatomistas, fisiólogos, neurólogos, psiquiatras y otros, llevaron a nuevos conceptos del funcionamiento cerebral, entre ellos, la localización de funciones específicas en diferentes partes del cerebro, entre los que destacan los estudios del neurólogo francés Paul Broca (1824-1880), que describió las lesiones del lóbulo frontal en pacientes con dificultades en el lenguaje. Sin olvidar las aportaciones del neurocirujano estadounidense Wilder G. Penfield (1891-1976) sobre la representación en las cortezas motoras y sensitivas primarias del cerebro y de las funciones motoras y sensitivas de nuestro cuerpo, conocido como el homúnculo de Penfield. Otros muchos estudios nos han mostrado que existe una clara división de funciones en el cerebro, con una coordinación entre ellas gracias a una extensa conectividad cerebral que relaciona las distintas regiones y áreas de su anatomía. Es a finales del siglo XIX cuando se desarrolla la *teoría celular* basada en estudios microscópicos del tejido cerebral, señalando ya, entrado el siglo XX, a la neurona como base celular del funcionamiento cerebral.

En el siglo XIX y primeras décadas del XX, se produce un gran desarrollo de las neurociencias experimentales y de las especialidades médicas que asisten a los pacientes con enfermedades del sistema nervioso, comenzando el siglo con las importantes aportaciones sobre la doctrina neuronal tanto de Camilo Golgi (1843-1926) como nuestro premio nobel Santiago Ramón y Cajal (1852-1934), que con sus estudios sobre la histología del sistema nervioso sentaron las bases para considerar a la neurona como la célula principal del sistema nervioso, aportando los primeros conceptos sobre las conexiones interneuronales y los circuitos cerebrales.

A lo largo del siglo XX y lo que llevamos del XXI hemos asistido a un enorme desarrollo de los conocimientos sobre el funcionamiento cerebral, basado en extensas mejoras de la neurociencia experimental y de la exploración del cerebro en vivo, que nos permite la neuroimagen convencional y las técnicas de neuroimagen funcional, o la electroneurofisiología, así como el extenso desarrollo de la neurología clínica. Todo ello ha mejorado el manejo de las enfermedades del sistema nervioso, tanto desde el punto de vista de su prevención, diagnóstico y tratamientos. Este amplio desarrollo ha aportado también un amplio conocimiento sobre el funcionamiento cerebral, junto con otras disciplinas como la neurofisiología, la neurocirugía, o la neuropsiquiatría.

Uno de los grandes problemas a lo largo de la era científica ha sido la relación mente-cerebro (el problema mente-cerebro) desde las teorías dualistas, iniciada por el filósofo y matemático francés René Descartes (1596-1650), que suponen que las capacidades mentales humanas están fuera del cerebro, en la «mente», y que esta determina el funcionamiento cerebral, pues para Descartes la mente es una entidad espiritual que percibe las sensaciones y programa los movimientos conectando, a través de la glándula pineal, con el cerebro. Esta visión cartesiana ha permanecido vigente prácticamente hasta las primeras décadas del pasado siglo, cuando la llegada de las teorías más actuales, que consideran la mente como un proceso emergente del cerebro, han ido sustituyendo esta visión.

No queremos entrar en lo que, aún en la actualidad, es una polémica que en gran medida se enmarca en el mundo de la filosofía u otras disciplinas, pero sí afirmar nuestro acuerdo con los postulados y tendencias actuales en neurociencia que concluyen que «la mente tiene una base física, que es el cerebro» (95, 96).

5.1. Algunos conceptos básicos sobre la anatomía del cerebro

Los conocimientos básicos sobre la anatomía cerebral pueden facilitar el conocimiento de su funcionamiento dada la relación fundamental entre estructura y función. También nos permite conocer el sustrato material de algunas enfermedades que los afectan, mejorando la comprensión de estas. Las descripciones anatómicas que siguen pueden ilustrarse en distintos libros de anatomía o imágenes digitales de portales de internet, aconsejando a nuestros lectores acudir a las ilustraciones para obtener una visión precisa de la anatomía cerebral (97, 98).

Comenzamos hablando del sistema nervioso, que está compuesto por el encéfalo, la médula espinal y los nervios periféricos, que actúan como un conjunto integrado en el procesamiento y emisión de información. Por el interés de este libro, nos centramos solo en la anatomía y funciones del encéfalo.

El encéfalo comprende el cerebro, el cerebelo y el tronco cerebral, pesa unos 1 400 a 1 500 g y tiene un volumen de unos 1 350 cc. Existen distintas estructuras desde la profundidad a la superficie del encéfalo, en el centro tenemos el *diencéfalo*, donde se encuentran los núcleos talámicos, el hipotálamo, la neurohipófisis y la glándula pineal. Por debajo del diencéfalo, y formando parte del tronco cerebral, nos encontramos con el *mesencéfalo*, más abajo están la *protuberancia* y posteriormente, el *bulbo raquídeo,* que junto con el *cerebelo* forman un conjunto conocido como el *romboencéfalo*. Hacia la superficie del encéfalo nos encontramos con el *telencéfalo,* que contiene la extensa corteza cerebral y otros importantes núcleos de la base, que constituye el cerebro en el uso habitual el término. El cerebro consta de dos *hemisferios cerebrales*, derecho e izquierdo, conectados entre sí por el llamado cuerpo calloso, que es una extensa estructura de conexión que recorre la profundidad de los hemisferios en toda su extensión.

La *corteza cerebral o córtex* es la estructura más extensa y exterior del cerebro, está por debajo del cráneo y las meninges, también es llamada «sustancia gris» por su color grisáceo, y está formada por distintas capas de neuronas. La corteza cerebral tiene un aspecto rugoso con profundas circunvoluciones y surcos que separan las diferentes áreas cerebrales.

Entre la sustancia gris y las estructuras más profundas del cerebro, se encuentra la sustancia blanca, por donde discurren los axones procedentes de las neuronas (ver más adelante) de la corteza cerebral, que es como un extenso claveado que comunica entre sí las diferentes regiones del cerebro a través de tractos y fascículos.

La corteza cerebral se divide en distintas regiones, llamadas *lóbulos cerebrales*, separados entre sí por surcos o cisuras que, de delante hacia atrás, se denominan: lóbulo frontal, lóbulo parietal, lóbulo temporal y lóbulo occipital, cada uno con su estructura anatómica diferencial y sus funciones específicas, como más adelante veremos.

Esta estructura tan abigarrada de la corteza cerebral constituida por las circunvoluciones cerebrales es un truco de la naturaleza para introducir más materia en el limitado espacio. Su configuración rugosa permite que un importante manto de tejido nervioso se adapte adecuadamente a una estructura no expansible como es el cráneo.

El encéfalo, al igual que la médula espinal, están protegidos por las meninges, donde circula el líquido cefalorraquídeo; ambos sirven para su protección e intervienen en la defensa y metabolismo de todo el sistema nervioso central. Externamente y en estrecha relación con las meninges, el encéfalo está envuelto por el cráneo, que es una estructura ósea resistente que lo protege y aísla del exterior, al igual que la médula espinal está envuelta y protegida por las vértebras de la columna vertebral.

A continuación, se describen algunos conceptos elementales sobre el *riego cerebral*, es decir, cómo se organiza el flujo sanguíneo que llega al cerebro y que es clave en el mantenimiento del metabolismo cerebral y, por tanto, esencial para mantener con vida esas estructuras cerebrales. La sangre llega al cerebro a través de cuatro grandes vasos, que salen al comienzo de la arteria aorta y que son las dos arterias carótidas comunes, a ambos lados del cuello, y las dos arterias vertebrales que van en su profundidad dentro de una estructura ósea de las vértebras cervicales. Las arterias carótidas comunes se dividen en el cuello en la carótida interna y la carótida externa, y son las dos arterias carótidas internas las que llegan al cerebro, penetrando a través del cráneo. Una vez en su interior, se ramifican formando las arterias cerebrales anteriores y cerebrales medias, que a su vez se ramifican nutriendo a los lóbulos frontales, parietales y temporales, y por eso se la conoce como la circulación cerebral anterior. Las arterias vertebrales, que transcurren por el cuello envueltas dentro de unos orificios óseos laterales de las vértebras cervicales, penetran en el cráneo y se unen formado la arteria basilar, que irriga el tronco cerebral y el cerebelo para posteriormente dividirse y dar lugar a las arterias cerebrales posteriores, que vascularizan la parte interna de los lóbulos temporales y ambos lóbulos occipitales; toda esta estructura vascular corresponde a la denominada circulación cerebral posterior. Todos estos vasos de calibre intermedio producen unas series de arterias de pequeño calibre que, perforando el tejido cerebral hacia su profundidad, nutren estructuras profundas de la corteza cerebral, la sustancia blanca, ganglios de la base y tronco cerebral, dando lugar a la conocida como *circulación de pequeño vaso cerebral*.

La circulación anterior y posterior se comunican entre ellas a través de arterias comunicantes que constituyen el llamado polígono de Willis, que es un sistema de seguridad compensatorio ante fallos en el aporte sanguíneo entre ambas circulaciones.

El flujo sanguíneo que llega al cerebro es recogido por un sistema muy ramificado de venas cerebrales que se dirigen y desembocan en unos senos venosos localizados entre ambos hemisferios, y de aquí la sangre se dirige a otros sistemas de senos venosos profundos que, a su vez, confluyen en las venas yugulares, y de aquí a la circulación general a través del cuello.

En otro apartado abordaremos el funcionamiento de algunas de las partes del cerebro, especialmente de la corteza cerebral, donde residen distintas funciones, siempre desde la perspectiva de su función integrada en redes y circuitos neuronales.

Ahora vamos a indagar sobre los componentes microscópicos del cerebro, es decir, cómo está formado el tejido cerebral y algunas de sus características funcionales.

5.2. La neurona

Gracias a las aportaciones del italiano Camillo Golgi (1843-1926) y del español Santiago Ramón y Cajal (1852-1934) —teoría neuronal de Cajal— en sus estudios microscópicos del tejido cerebral, se concluyó, al comienzo del siglo XX, que la célula fundamental del cerebro es la neurona, aunque como veremos no es la única célula que forma parte de este tejido.

Se calcula que en nuestro cerebro hay cerca de unos 86 000 millones de neuronas, localizadas sobre todo en la corteza cerebral, aunque también se encuentran en los llamados ganglios basales, cerebelo, tronco cerebral y en la médula espinal. Las neuronas están organizadas en circuitos y redes neuronales con determinadas funciones más o menos específicas, pero siempre con funciones integradas e interrelacionadas.

La neurona es la unidad estructural y funcional del sistema nervioso y se componen del llamado *cuerpo neuronal* o soma, del que salen las denominadas neuritas, constituidas por las dendritas y el axón. Las dendritas son unas ramificaciones cortas con forma arborescente (árbol dendrítico) que se unen al cuerpo neuronal. El axón es una sola ramificación mucho más larga, localizada en el lado opuesto de las ramificaciones dendríticas de la neurona y sus terminales axónicas conectan a través de las llamadas sinapsis neuronales con las dendritas de otra neurona o, en su caso, con los receptores neuromusculares en las neuronas procedentes de la médula espinal. A su vez las dendritas poseen las llamadas espinas dendríticas, descritas por Ramón y Cajal. Estas son pequeñas excrecencias de distinto tamaño y forma y que tienen relación con la actividad sináptica y la potencia de las conexiones interneuronales, estando implicadas en los procesos cognitivos como la memoria y el aprendizaje. Se han descrito disminución del número y alteración de la forma en las espinas dendríticas de niños con ciertas discapacidades intelectuales. Existen distintos tipos de neuronas según su forma, tamaño y función, como las neuronas estrelladas y las piramidales de la corteza cerebral. El diámetro medio del cuerpo neuronal es de unos 20 micrómetros, y las dendritas miden pequeñas fracciones de micrómetros. Los axones tienen una longitud muy variada, desde unos micrómetros hasta más de un metro, como sucede con los largos axones de las neuronas motoras de la médula espinal, que tienen un largo recorrido, desde el cuerpo neuronal hasta las uniones neuromusculares de los músculos que inervan y estimulan. El trayecto de los axones de las neuronas cerebrales es mucho más corto, excepto los que comunican la corteza cerebral motora con las neuronas motoras de la médula espinal, que pueden alcanzar varios decímetros.

Las neuronas, que básicamente son conductores de impulsos eléctricos, no están unidas entre sí como si fueran una red continua, sino que entre ellas existen unos microespacios denominados sinapsis y que es donde se liberan moléculas de distinto tipo, conocidas con el nombre genérico de neurotransmisores. Golgi creía que las neuronas estaban unidas entre sí como una red continua, mientras que Ramón y Cajal defendía que las neuritas de las neuronas se comunicaban entre sí, pero no por continuidad. Por entonces solo se disponía de microscopios ópticos con una resolución insuficiente para visualizar estas uniones. Hubo que esperar a la llegada del microscopio electrónico para dar la razón a Cajal cuando se pudo objetivar la existencia de las sinapsis.

Los neurotransmisores son moléculas de distinta composición que actúan como una moneda química de cambio entre las neuronas. Estas moléculas son capaces de estimular los receptores específicos de la membrana de las dendritas neuronales y producir en ellas cambios del potencial de acción eléctrico de membrana, que se propaga a lo largo del cuerpo y del axón de la neurona.

El axón, en sus terminales, tiene múltiples vesículas donde se acumula el neurotransmisor específico para esa neurona, su circuito y la red neuronal correspondiente, previamente producido en el cuerpo neuronal y transportado a lo largo del axón. El neurotransmisor se acumula en las vesículas presinápticas del axón y lo liberan a la hendidura sináptica, inducido por el impulso eléctrico que ha recorrido la neurona, estimulando la membrana postsináptica de otra neurona contigua para producir cambios eléctricos que, a su vez, se transmitirán a lo largo de la membrana de esta neurona receptora, de esta a la siguiente, y así sucesivamente, como un efecto en cadena o dominó, que podrá afectar a la totalidad del circuito o red neuronal, o bien solo a una parte.

La complejidad de la red neuronal se puede apreciar teniendo en cuenta que cada neurona puede tener alrededor de unas 60 000 sinapsis y un axón de esa misma neurona puede contactar con las dendritas de hasta 5 000 neuronas. Se ha calculado que hay varias decenas de billones de sinapsis en nuestro cerebro. Estas cifras dan una idea de la gran riqueza de las conexiones neuronales que componen la corteza cerebral y el cerebro en general.

Se conoce que cada red o circuito neuronal utiliza un neurotransmisor propio que van a dar el nombre a ese circuito. Así, por ejemplo, el neurotransmisor dopamina se produce en los circuitos dopaminérgicos, la serotonina en los serotoninérgicos, la acetilcolina en los colinérgicos, el gaba en los gabaérgicos, la histamina en los histaminérgicos, la epinefrina en los adrenérgicos, etc. Cada uno de estos circuitos tienen unas funciones específicas diferentes pero coordinadas y equilibradas entre ellos, para un funcionamiento conjunto y armónico de todo el sistema nervioso.

Esta información eléctrica-química-eléctrica integrada en circuitos y redes neuronales de distinta amplitud y función es, en gran medida, la clave de las grandes capacidades que tiene nuestro cerebro y está implicada en todas sus funciones motoras, sensitivo-sensoriales, la memoria, otras distintas capacidades cognitivo-conductuales, en las emociones y en los sentimientos. La disfunción de estos complejos procesos puede llevar a severas alteraciones del funcionamiento cerebral, llegando a desarrollar enfermedades neurológicas o mentales de muy distinto tipo.

5.3. Las células gliales o glía

Si la neurona es la célula nerviosa por antonomasia, las conocidas como células gliales o *neuroglia* son de gran importancia en el funcionamiento de todo el sistema nervioso central. Estas células son de distinto tipo y tienen funciones muy importantes en el mantenimiento de la homeostasis cerebral y su defensa contra tóxicos e infecciones. Dentro de esta neuroglia las células más abundantes son los *astrocitos o astrología*, llamadas así por su forma estrellada, con varias funciones, como el soporte neuronal, controlan el espacio interneuronal ayudando al metabolismo de las neuronas, son una reserva de glucosa, la cual pueden verter al metabolismo de las neuronas adyacentes, mantienen la concentración extracelular de diversas sustancias y participan en la regulación de la transmisión sináptica.

La astrología forma parte de la **barrera hematoencefálica** (una estructura en la microvasculatura cerebral que se interpone entre el flujo sanguíneo que llega al cerebro y el propio tejido cerebral), y participan en la reparación del tejido cerebral lesionado después de un traumatismo, un ictus o una infección.

También forman parte de la neuroglia los **oligodendrocitos,** que son células que se colocan alrededor de los axones y los envuelven con una vaina lipídica llamada **mielina**, que permite una mejor conducción eléctrica a lo largo del axón (como el plástico de un cable eléctrico ayuda a su aislamiento y conductividad). Su lesión lleva a enfermedades como la esclerosis múltiple, entre otras. Una representación similar, pero que solo se encuentra en los nervios periféricos, son las **células de Schwann**, que también protegen los axones de los nervios periféricos, con sus correspondientes vainas mielínicas, participan en el metabolismo axonal y mejoran su conducción eléctrica.

Por último, otra célula glial es la **microglía,** que están implicadas en la fagocitosis y eliminación de desechos de neuronas o células gliales muertas, pudiendo participar en la remodelación del tejido cerebral y las conexiones sinápticas.

5.4. Sobre la fisiología y las funciones cerebrales

Hasta aquí hemos aportado unas nociones básicas de la anatomía tanto macroscópica (examen a simple vista) como microscópica (examen por medio del microscopio) del cerebro humano. Ahora intentaremos aportar unos conceptos básicos de su funcionamiento, es decir de su fisiología y sus funciones, muy importantes para entender cómo afectan las enfermedades y cómo se pueden prever las consecuencias de estas.

Los nutrientes del cerebro son el oxígeno y la glucosa, sin cuyo aporte no puede sobrevivir más allá de unos minutos. El déficit focal (como sucede en el ictus) o generalizado (hipoxia o hipoglucemia severa) de estos elementos, produce rápidamente un deterioro de la función neuronal y de la glía que, si persiste durante un escaso periodo de tiempo, puede llevar a la muerte del tejido cerebral. Como decíamos, en condiciones normales, el cerebro utiliza oxígeno y glucosa para mantener su metabolismo y, a través de distintos procesos bioquímicos, sintetizar lípidos, proteínas, moléculas de neurotransmisores y otras sustancias.

El cerebro humano representa el 2 % del peso corporal, sin embargo, consume el 20 % del oxígeno de todo el organismo, así como el 25 % de la glucosa que utiliza todo nuestro cuerpo, lo que da una idea de las importantes necesidades energéticas y la carga metabólica de nuestro cerebro.

El flujo sanguíneo cerebral representa el 20 % de todo el flujo sanguíneo corporal, y es el que aporta todo el oxígeno y la glucosa al cerebro, cambiando el aporte a las distintas áreas cerebrales según sus necesidades de energía, lo que depende de la actividad concreta de esa región. Ese flujo sanguíneo focal está determinado por un sistema de autorregulación del flujo sanguíneo propio del cerebro, en el que están implicados tanto los vasos cerebrales de gran calibre como los de pequeño calibre, así como la microvascularización cerebral. En la terminal de esta microvasculatura es donde se encuentra la barrera hematoencefálica, donde se realiza el intercambio de oxígeno, glucosa y otras sustancias hacia el tejido cerebral, y esta barrera tiene una gran importancia en la protección del cerebro frente a toxinas, infecciones u otros trastornos sistémicos.

Un concepto muy difundido es que solo utilizamos una pequeña parte de nuestro cerebro, pero esto no es así. En realidad, el cerebro funciona íntegramente, estrictamente no hay áreas «que se enciendan o se apaguen», que se «activen o desactiven». Sobre ese estado basal integrativo ocurre una activación eléctrico-metabólica con más flujo sanguíneo y más intercambio energético en áreas específicas cerebrales, según la acción que estemos realizando. Por ejemplo, si estoy hablando, las áreas cerebrales donde se localiza el lenguaje están más activadas, lo que determina ese incremento focal de su metabolismo, pero esto no implica que el resto del cerebro esté «apagado» o sin actividad. Además, casi siempre estamos realizando varias funciones a la vez, escribimos, vemos y leemos a la vez, somos capaces de hablar, caminar y mirar un paisaje o conjuntamente escuchamos, observamos y pensamos al mismo tiempo, etc.

Vamos a abordar algunas de las funciones específicas de las distintas áreas cerebrales, especialmente de la corteza cerebral, pero antes, como hemos explicado, recalcar que el cerebro funciona de forma integral y que existe una conexión constante entre ambos hemisferios cerebrales a través de una estructura ya nombrada anteriormente que es el cuerpo calloso. Además, existen múltiples conexiones entre las distintas áreas de la corteza cerebral que discurren por debajo de ella y que dan lugar a la estructura anatómica conocida como sustancia blanca cerebral.

Por razones docentes, comenzaremos a describir las distintas estructuras anatómicas y funcionales, desde las zonas posteriores del cerebro hacia sus zonas anteriores.

Lóbulos occipitales: Estos lóbulos se encuentran en la parte posterior del cerebro, debajo del hueso occipital del cráneo, es donde se encuentra el área visual. El sistema visual está compuesto por los ojos y sus conexiones con el área visual, que es donde el cerebro interpreta los estímulos visuales procedentes de la retina de los ojos, que ya en sí misma forma parte del sistema nervioso. Es decir, los ojos perciben los estímulos sensoriales visuales en la retina, pero es el área visual la que los analiza, interpretando las formas y colores, reconociendo la situación en el espacio de los objetos, sus formas, el movimiento, etc., de manera integrada y secuencial.

El área visual primaria (corteza estriada) está rodeada de otras áreas suplementarias visuales, con funciones específicas que se extienden más allá del lóbulo occipital hasta la parte inferior y externa del lóbulo temporal. Estas áreas suplementarias están implicadas en la representación de características complejas, como objetos, rostros, etc. Existiría por tanto un gradiente de interpretación desde estímulos sencillos, como formas simples o color en la corteza estriada, hasta formas más complejas en las áreas suplementarias, como objetos, estructuras o rostros.

Lóbulos temporales: Situados en las partes laterales e inferiores del cerebro, a la altura de ambas orejas, debajo del hueso temporal del cráneo. Estos lóbulos cerebrales son claves en la memoria y en la comprensión del lenguaje. En las estructuras profundas de los lóbulos temporales se encuentran los hipocampos que forman parte del sistema límbico. Tienen forma como de un caballito de mar, soportando funciones tan importantes como el aprendizaje y la memoria, como hemos visto en capítulos anteriores.

En el lóbulo temporal izquierdo, en su zona posterior, se encuentra un área muy específica en su función de comprensión del lenguaje asociada a otras áreas relacionadas con la emisión del lenguaje en áreas del lóbulo frontal, formado parte del complejo de comprensión-emisión del lenguaje tanto hablado como escrito.

También en los lóbulos temporales se encuentran las áreas auditivas primarias y secundarias, que es el área cerebral donde se proyectan las terminaciones de la vía auditiva que ha transmitido los sonidos percibidos en el oído externo, trasladándose a través de oído medio, del interno y del nervio auditivo hasta estas regiones cerebrales. Estas áreas auditivas recogen e interpretan las sensaciones auditivas de muy distinto tipo.

Lóbulos parietales: Situados encima del lóbulo temporal y entre el lóbulo frontal y occipital, en la parte alta y posterior de la cabeza, debajo del hueso parietal del cráneo. Estos lóbulos están relacionados con el sentido del tacto, perciben las sensaciones táctiles, dolorosas, térmicas, vibratorias y la sensación de posición de las distintas partes del cuerpo y las extremidades, denominada propiocepción. Este tipo de sensaciones tienen una representación somatotópica, lo que significa que cualquier región del cuerpo tiene su correlación en una zona específica del área de la corteza sensitiva. Por ejemplo, la sensibilidad táctil o dolorosa de una mano tiene una representación específica en la corteza somatosensitiva del lóbulo parietal del hemisferio cerebral contralateral, con una extraordinaria precisión para la palma de la mano o los distintos dedos. Tal es así que, si estimulamos con el tacto o con una aguja la yema del índice derecho, inmediatamente se estimulan unas neuronas específicas del área sensitiva de la mano a nivel del lóbulo parietal izquierdo.

Además, los lóbulos parietales integran las distintas informaciones sensoriales y por tanto están implicados en la orientación derecha izquierda, es decir saber cuáles son nuestros miembros derechos o izquierdos y su orientación en el espacio, reconocer el lado derecho o izquierdo de otras personas, según se encuentren de frente o de espaldas a nosotros. El reconocimiento de nuestro propio cuerpo se encuentra en zonas más posteriores de los lóbulos parietales o áreas sensitivas secundarias que tienen también relación con la información visoespacial o relación de los objetos en el espacio y con respecto a nosotros mismos.

Lóbulos frontales: Situados en la parte más anterior del cerebro, por detrás de la frente del hueso frontal del cráneo y de las partes laterales más anteriores de la cabeza, son los lóbulos más extensos del cerebro (30 % del cerebro) y especialmente desarrollados en la especie humana respecto a otras.

En ellos están localizadas ciertas capacidades cognitivas, el lenguaje y la organización del movimiento voluntario dirigido a un fin. Es nuestra corteza frontal, en su parte más posterior, pegada a los lóbulos parietales y separada de estos por la gran cisura de

Silvio, la que organiza los movimientos corporales que, actuando sobre las áreas motoras primarias o córtex somatomotor primario, producirá los impulsos que, a través de la médula espinal y los nervios periféricos, llegarán a nuestros músculos para realizar los movimientos corporales. Como sucedía con la sensibilidad, esta función es cruzada del cerebro respecto al cuerpo, de tal forma que si estimulamos nuestra área somatomotora izquierda se moverán los miembros derechos y a la inversa. La distribución de las funciones en la corteza motora es, como sucede con la corteza sensitiva y la sensibilidad, muy específica y relacionada con precisión con los movimientos del cuerpo. Por ejemplo, el área que mueve la mano o la boca son proporcionalmente más extensas que la que mueve el resto del brazo o una pierna, dada la mayor complejidad de movimientos de la boca o la mano. Las áreas motoras de la corteza frontal están conectadas con las áreas sensitivas del lóbulo parietal próximo y otras estructuras por debajo de la corteza cerebral, conocidas como núcleos de la base y el cerebelo, con el objetivo de coordinar los movimientos corporales.

También los lóbulos frontales están implicados en el lenguaje hablado y escrito, tanto en la elaboración de lo que queremos decir como en la construcción sintáctica de las palabras y las frases. Las áreas del lenguaje motor se encuentran en la zona inferoposterior del lóbulo frontal, justo debajo del área somato-motora, y es conocida como área de Broca, la cual se conecta a través de un fascículo que va por debajo de la corteza cerebral, comunicando esta área motora con el área sensitiva del lenguaje que, como antes apuntamos, se localiza en el lóbulo temporal y se conoce como área de Wernicke. Así, toda la elaboración del lenguaje se realiza entre el lóbulo frontal y el temporal, y en la mayoría de los humanos está localizada en el hemisferio izquierdo del cerebro.

Por otra parte, estos lóbulos frontales están implicados en las llamadas funciones ejecutivas, que son las capacidades de mantener la atención, planificar, programar y controlar el resultado de nuestras acciones, siguiendo un patrón elaborado previamente y con plazos distintos en el tiempo. En las partes más anteriores de los lóbulos frontales, en las llamadas áreas prefrontales, se genera la memoria de trabajo, primordial en el mantenimiento consecutivo de nuestras actividades enmarcadas en el tiempo y el espacio.

Además, los lóbulos frontales están involucrados en otras funciones cognitivas complejas, como el juicio, el razonamiento, las emociones, la conducta, la personalidad, o de las capacidades de interacción social y también funciones, como controlar voluntariamente el giro de la cabeza y los ojos, entre otras. Es también importante su implicación en funciones vegetativas básicas, como control de la respiración y de la tensión arterial, motilidad intestinal y otras funciones vegetativas.

Áreas de asociación o asociativas: Como hemos visto muchas funciones cerebrales están localizadas en un área concreta, pero esto no implica su independencia, pues el cerebro actúa como un todo. Como antes decíamos, los hemisferios están conectados entre sí y los distintos lóbulos también, de tal forma que la interconexión forma una red de circuitos que se estimulan o inhiben según las funciones realizadas. En este sentido existen las llamadas áreas asociativas, que comprenden una importante extensión de la corteza cerebral y que se encuentran en la encrucijada formada entre las regiones de los lóbulos parietales posteriores, occipitales anteriores y temporales posteriores.

Estas áreas no están programadas para funciones motoras, sensitivas o sensoriales primarias, pero tienen gran importancia en la integración entre estímulos visuales, sensitivos, en la orientación espacial, la relación de los objetos en el espacio, la interrelación de estímulos visuales diseminados, el reconocimiento de rostros, etc. Como veremos más adelante, estas funciones de las áreas asociativas tienen funciones complementarias entre ambos hemisferios cerebrales.

Los sentidos: Nuestro cerebro es el receptor final de los estímulos sensoriales que proceden de los sentidos. Estos estímulos van a zonas de recepción primarias por las distintas vías: así los estímulos visuales procedentes de los ojos van por la vía visual hasta el lóbulo occipital, donde se elaboran y retienen las imágenes visuales y se conectan con las áreas de asociación parietales. Los estímulos auditivos procedentes del oído entran al cerebro a través de la vía auditiva, conecta con el tálamo y posteriormente se recogen en las áreas auditivas primarias de los lóbulos temporales, conjuntamente a las áreas de asociación antes señaladas. El gusto o los sabores se perciben en las papilas gustativas de la lengua y a través del nervio facial llegan también al lóbulo temporal, donde se relacionan con el olfato procedente de los receptores de las fosas nasales que conectan con el nervio olfatorio y, este, con el sistema límbico y el lóbulo temporal. El tacto se percibe en terminaciones nerviosas de la piel, donde a lo largo de los nervios periféricos sensitivos y de la médula espinal el impulso eléctrico llega a los lóbulos parietales, donde dicho estímulo es procesado, reconocido, y, al igual que los otros estímulos sensoriales, una vez procesados en sus respectivas áreas primarias son enviados a las áreas asociativas, enlazando con los circuitos y las áreas donde se producen las emociones, como el sistema límbico o con las áreas del lenguaje.

Toda la percepción de los sentidos es integrada a tiempo real por el cerebro a través de las áreas asociativas, y esta integración es fundamental para el contacto con nuestro entorno, su reconocimiento y su proyección sobre otras funciones cognitivas o emocionales en cooperación con otras áreas cerebrales.

Cerebro derecho-izquierdo: Hay una creencia muy popularizada de que el hemisferio derecho es «emocional» frente al izquierdo que es el «lógico», lo que representa una simplificación del funcionamiento cerebral.

El hemisferio izquierdo controla la parte derecha del cuerpo, y es donde habitualmente se encuentran las áreas del lenguaje. El hemisferio derecho controla la parte izquierda de nuestro cuerpo.

Ya desde estudios realizados hace décadas, hoy día complementados con técnicas de imagen y neuropsicológicas, se consideraba que el cerebro izquierdo era más verbal, analítico, lógico, relacionado con la secuenciación de procesos, con las matemáticas, etc., mientras que el derecho estaba más relacionado con los procesos visuales, la intuición, el arte, los ritmos y la música, el pensamiento holístico, las emociones y los sentimientos. Sin embargo, actualmente se considera que los dos hemisferios funcionan siempre en red, interconectados a través de conexiones anatómicas interhemisféricas (cuerpo calloso y comisuras anterior y posterior) con un funcionamiento al unísono. Por ejemplo, el hemisferio izquierdo elabora el lenguaje, pero el derecho ayuda a entender el tono de las frases, el contexto, la carga emocional, etc. El cerebro izquierdo es más matemático y lógico, pero el derecho le ayuda en cálculos aproximados. Las emociones pueden surgir desde el sistema límbico localizado en ambos hemisferios, pero las palabras las pone el hemisferio izquierdo con el tono emotivo del hemisferio derecho, y así se relacionan ambos hemisferios en muchas otras funciones.

Como conclusión, y antes de pasar al siguiente apartado, hay que afirmar y recalcar que el cerebro, aunque tiene áreas específicas para sus distintas funciones, se comporta como un todo integrado, interconectado en redes neuronales de menor o mayor amplitud que se estimulan o se inhiben entre ellas para lograr ese todo funcional, base de nuestras percepciones y acciones.

CAPÍTULO VI
APROXIMACIÓN AL CEREBRO A TRAVÉS DE LOS DATOS CLÍNICOS, EXPLORATORIOS Y DE IMAGEN QUE NOS AYUDAN A ENTENDER SU FUNCIONAMIENTO EN ESTADO NORMAL Y PATOLÓGICO

Las aportaciones de los médicos clínicos a lo largo de la historia de la medicina nos han permitido tener un amplio conocimiento de las alteraciones y déficits funcionales que producen las lesiones cerebrales de muy distinto tipo y que abordaremos en este capítulo.

Los médicos que atienden las enfermedades neurológicas, y por tanto las enfermedades del cerebro, desde la atención primaria a los especialistas en enfermedades neurológicas, como son los neurólogos, neurofisiólogos, neurocirujanos u otros, cuentan con dos herramientas diagnósticas básicas, que son: la historia clínica o anamnesis, esencial para la orientación diagnóstica y, la exploración neurológica, que permite apreciar los signos funcionales que producen las distintas patologías. Además, los clínicos cuentan con una serie de medios técnicos que hoy en día son fundamentales para un correcto diagnóstico de los pacientes. Así se dispone de pruebas analíticas de sangre, de líquido cefalorraquídeo y de otros fluidos corporales, de pruebas neurofisiológicas, como el electroencefalograma y otras, de pruebas neuropsicológicas con test que valoran la situación cognitiva del paciente o su estado de ánimo, así como otro tipo de pruebas más o menos sofisticadas.

También se cuenta con distintas pruebas complementarias de imagen que ayudan a localizar una lesión, a apreciar su extensión, aproximarse a su naturaleza que, junto con la clínica que muestran los pacientes, permite un acercamiento al diagnóstico definitivo de la enfermedad que presenta un paciente concreto. Las más utilizadas en la clínica diaria en la patología cerebral son las pruebas estructurales: el TC cerebral (Tomografía Computarizada) y la RM cerebral (Resonancia Magnética Cerebral), las cuales aportan datos muy precisos sobre la localización, la extensión y la naturaleza de las lesiones que afectan al cerebro. Otras pruebas funcionales, como el SPECT cerebral (Simple Photon Emission Computed Tomography), permite apreciar el metabolismo cerebral en sus distintas regiones y determinar su afectación; el PET cerebral (Proton Emission Tomography) es una técnica que puede valorar el acúmulo de proteínas anómalas en diversas enfermedades neurodegenerativas a nivel de las distintas áreas cerebrales. Muy utilizada en la patología vascular cerebral es la angiografía cerebral, que nos permite valorar la vascularización cerebral y sus patologías. El estudio anatomopatológico de las distintas lesiones cerebrales suelen ser clave en el diagnóstico de una enfermedad. Esto puede realizarse mediante la obtención de una biopsia cerebral en vida del paciente o, en el caso de autopsias, extrayendo el cerebro y analizándolo *post mortem* (1).

Las lesiones cerebrales son producidas por un gran número de enfermedades o traumatismos que afectan de forma focal (local) o difusa al cerebro y que se muestran como síndromes, es decir manifestaciones clínicas, con síntomas y signos según su localización cerebral. Estos síndromes pueden ser producidos por distintas enfermedades, como ictus, tumores, infecciones, enfermedades degenerativas como la EA u otras muchas.

Estas lesiones pueden producir síntomas «negativos», es decir, déficits neurológicos más o menos extensos, mostrándose como: pérdida de fuerza o sensibilidad en un lado del cuerpo, dificultades visuales centrales, alteración del lenguaje y muchos otros que se comentarán más adelante. Otras veces, la lesión es irritativa y produce síntomas «positivos» como, por ejemplo: convulsiones de una parte del cuerpo o de todo él, movimientos anormales en distintas áreas corporales, trastornos como ilusiones o alucinaciones visuales, auditivas, u otros síntomas complejos.

Repasaremos algunos de estos síntomas y signos que pueden producir lesiones más o menos extensas en los distintos lóbulos cerebrales, como una orientación para que el lector comprenda la trascendencia en nuestra salud del daño cerebral y la importancia de prevenirlo. Empezaremos en el mismo orden en que abordamos las distintas funciones de los lóbulos cerebrales.

6.1. Lesiones de los lóbulos occipitales

Los accidentes cerebrovasculares, los tumores, los traumatismos craneales u otro tipo de enfermedades que afectan a los lóbulos occipitales se manifiestan principalmente por trastornos visuales más o menos complejos. Cuando se afecta la punta posterior del lóbulo occipital (corteza estriada), se produce una pérdida de visión en el campo visual contralateral a la corteza afectada. Así, si se lesiona la corteza estriada derecha perderemos visión por el campo visual izquierdo y a la inversa. A veces la alteración visual se acompaña de ilusiones visuales, como deformación de las imágenes, cambio de tamaño, ilusión de movimiento, visión inclinada o invertida, etc. Si la lesión es «irritativa», como sucede en el aura migrañosa o las crisis parciales epilépticas, podemos tener alucinaciones visuales más o menos complejas, desde pequeños puntos luminosos, formaciones estrelladas, formas geométricas estacionarias o en movimiento o más abigarradas como: objetos, animales, personas, fijos o en acción, cuando las lesiones son algo más extensas.

Cuando el daño afecta a zonas más anteriores, como la corteza visual secundaria o las áreas de asociación que se encuentran en los límites con el lóbulo parietal y temporal, podemos observar síntomas como la dificultad para reconocer objetos, animales o las caras de las personas en un campo visual, si la lesión es en un lado o en ambos campos, o si la lesión afecta a los dos lóbulos. Esto se denomina *agnosia visual,* y puede presentarse de distintas maneras, asociado o no a pérdida de agudeza visual en un contexto de lesiones más o menos extensas. En otras ocasiones, podemos encontrarnos con síntomas como la incapacidad de reconocer los colores, llamada *acromatopsia.* No identificar las palabras escritas es conocido como *alexia.* Ser incapaz de ver un objeto en movimiento, percibiéndolo solo como fotografías secuenciales, es un fenómeno conocido como *acinetopsia.* O el desconocimiento de la propia ceguera, llamado *anosognosia visual.*

Existe una incapacidad específica en el reconocimiento de rostros que se denomina *prosopagnosia,* y se debe a lesiones que afectan a la parte anterior del lóbulo occipital en su confluencia con el lóbulo temporal del lado derecho, aunque en muchos casos también está afectado de manera similar el hemisferio izquierdo.

6.2. Lesiones de los lóbulos parietales

Los lóbulos parietales tienen, como vimos antes, amplias funciones, y las lesiones, más o menos extensas, pueden producir síntomas o signos muy variados, según la localización, la extensión, la naturaleza de la lesión o bien que afecte el hemisferio cerebral izquierdo o derecho. Así, las lesiones de las zonas más anteriores que afectan a la corteza sensitiva primaria se muestran con pérdida del tacto: no se percibe ni el dolor ni la temperatura, ni cuando se aplica una vibración, y puede desconocerse las distintas posiciones del miembro afecto. Todos estos síntomas o signos pueden experimentarse con mayor o menor intensidad, afectando al lado del cuerpo contrario a donde se localiza la lesión cerebral, y los médicos la definen como *hemianestesia* (anestesia en la mitad del cuerpo), con sus diferentes tipos, cuando la pérdida de estas sensaciones es máxima. A veces el paciente con lesiones parietales ni siquiera reconoce su déficit sensitivo en el hemicuerpo contrario a la lesión, y se acompaña de desconocimiento del déficit motor que suele ir asociado a estas lesiones, lo que se denomina *anosognosia*.

En otras ocasiones, y a pesar de que están preservadas o escasamente afectadas las funciones sensitivas táctiles, el paciente no es capaz de reconocer táctilmente un objeto o unas letras o números que se trazan en su piel, ni tampoco averiguar el sentido del movimiento de un estímulo táctil. Esta incapacidad, debido a lesiones parietales más posteriores, se denomina *agnosia táctil o astereognosia*.

Cuando las lesiones son más extensas y posteriores, el paciente con lesiones parietales ni siquiera reconoce su déficit sensitivo en el hemicuerpo contrario a la lesión, y se acompaña de desconocimiento del déficit motor que suele ir asociado a estas lesiones, conociéndose este fenómeno como *asomatognosia;* cuando es muy intensa el paciente desconoce todo lo que ocurre en su hemicuerpo afectado, denominándose entonces *hemiasomatognosia,* y permanece con la cabeza y los ojos desviados en sentido contrario al lado afecto. Estos déficits tan intensos se producen sobre todo en lesiones extensas que comprometen conjuntamente tanto al lóbulo frontal, en sus áreas motoras, como al lóbulo parietal derecho. Estos pacientes suelen tener pérdida del campo visual del mismo lado que el hemicuerpo afectado.

Por ejemplo, con alguna frecuencia, los clínicos observan a pacientes con extensas lesiones del lóbulo parietal que desconocen que el miembro paralizado es suyo a pesar de sostenerlo delante de su vista (del campo visual por el que ve), y niega que además esté paralizado. Esta clínica es relativamente frecuente en ictus extensos que afectan al hemisferio derecho, aunque puede darse parcialmente en el caso del izquierdo y también puede ser producida por patologías neurológicas de otra naturaleza.

Hay algunas diferencias según el lado afectado. Así, si la lesión se localiza en el parietal izquierdo dominante se pude acompañar de trastornos del lenguaje, con especial dificultad para leer, conocida como *alexia o dislexia,* o escribir, llamada *agrafia o disgrafia*, alteración del cálculo, denominada *acalculia o discalculia*, según la intensidad del síntoma. Suele acompañarse de confusión derecha-izquierda, de astereognosia, y a veces pérdida de la capacidad para destrezas manuales aprendidas o para imitación de una acción al mandato a pesar de preservarse la movilidad del miembro o estar escasamente afectado.

Cuando la lesión afecta al lóbulo parietal derecho podemos encontrarnos con dificultades visuoespaciales, desorientación topográfica, trastornos en el campo visual izquierdo, dificultad para realizar tareas, denominada *apraxia*, como por ejemplo vestirse, denominada *apraxia del vestido* u otras. El paciente puede tener desconocimiento total o parcial de los déficits, estar confuso y, a veces, puede permanecer con los ojos cerrados, no los abre a la orden e incluso opone resistencia cuando se intenta abrirlos.

Esto nos muestra la diversidad de síntomas deficitarios más o menos complejos que nos producen las lesiones de los lóbulos parietales y que persistirán o no como secuelas según el tipo de lesión que los provoque y la calidad de la atención sanitaria que que se preste al paciente.

6.3. Lesión de los lóbulos temporales

Los lóbulos temporales integran funciones relacionadas con distintos sentidos: visual, auditivo, olfatorio, gustativo. También participan en capacidades como el lenguaje, la memoria, la percepción del tiempo, las emociones y la conducta.

La lesión de las áreas auditivas primarias donde se perciben los sonidos produce *sordera cortical*, que en ocasiones se acompaña de trastornos en la comprensión del lenguaje y afectación del campo visual contralateral a la lesión. Cuando son más extensas y afectan áreas auditivas secundarias, el paciente puede ignorar su sordera, conocida como *agnosia auditiva*, siendo incapaz de reconocer algunos o todos los sonidos habituales, notas musicales o melodías familiares, llamada *amusia*, o no reconoce palabras o frases, conocida como *afasia sensitiva o de Wernicke*.

En la literatura médica están descritos casos de músicos con lesiones del lóbulo temporal derecho que perdieron la habilidad para producir, leer o escribir música, aunque también las lesiones en el izquierdo pueden preservar el reconocimiento de las melodías y la armonía, pero afectar a la escritura y a la lectura musical, o nombrar las escalas musicales. Recuerdo un paciente, músico flautista profesional que, cuando acudió a la consulta, refería que desde hacía meses tenía dificultad para leer las partituras y no era capaz de llevar el ritmo de la orquesta donde tocaba, se confundía y entraba en momentos inadecuados, además en las últimas semanas los propios sonidos de la flauta los notaba distorsionados y como si no los reconociera. Todos estos trastornos le impedían cada vez más actuar en su orquesta. En los estudios de imagen cerebral se encontró un tumor cerebral que afectaba la zona media del lóbulo temporal derecho.

Cuando se afecta la parte anterior y profunda del lóbulo temporal, donde se encuentra el hipocampo y el sistema límbico, pueden aparecer trastornos de memoria de distinto tipo, alteración del comportamiento y de las emociones. El paciente está amnésico, desorientado y puede presentar apatía e indiferencia y, en ocasiones, agresividad verbal o física hacia su entorno.

Algunas lesiones de los lóbulos temporales, en relación con distintas enfermedades, producen síntomas «positivos» debido a descargas de tipo epiléptico de distinta localización. Así, por ejemplo, si el foco epiléptico se encuentra en la punta del lóbulo temporal, al descargar puede producir crisis olfatorias en las cuales el paciente aprecia como real olores que pueden ser de muy distinto tipo e intensidad en el tiempo que dura la crisis, son conocidas como crisis uncinadas. Cuando el foco afecta otras áreas de los lóbulos temporales, pueden apreciarse fenómenos auditivos más o menos estructurados, alteraciones visuales simples o complejas, o la suma de ambos. Cuando las lesiones producen trastornos en la percepción del tiempo, estados de ensoñación o confusión, vértigo o desequilibrio, episodios de automatismos motores o psicomotores más o menos complejos, se las denominan crisis parciales complejas.

6.4. Lesión de los lóbulos frontales

Los lóbulos frontales son los más extensos del cerebro, como ya se ha comentado, y tienen una gran complejidad funcional. Sus lesiones producen síntomas y signos complejos que van desde trastornos motores a alteraciones cognitivas, emocionales y del comportamiento.

Las lesiones que afectan a la zona más posterior o áreas motoras, comprometidas en la ejecución de los movimientos, producirán déficits motores más o menos severos que afectan a todo el hemicuerpo contralateral o a un solo miembro, según la extensión de la lesión.

Cuando se lesiona el lóbulo frontal dominante, habitualmente el izquierdo, en su zona más posterior e inferior, aparecen trastornos del lenguaje más o menos marcados. Así, por ejemplo, el paciente pude tener incapacidad parcial o completa para emitir el lenguaje, aunque lo entienda correctamente, lo que se denomina *afasia motora*, o pude tener dificultades más o menos intensas para la articulación de las palabras, lo que se conoce como *disartria*, ya que en esta zona frontal se organiza el movimiento de los labios, lengua y faringe.

Si la lesión compromete áreas más anteriores, conocidas como premotoras, que mantiene conexiones recíprocas con la corteza visual, el paciente puede mostrar trastornos en la planificación y organización de los movimientos del lado contrario del cuerpo, con dificultad en la manipulación de distintos tipos de objetos, en ocasiones, con signos muy abigarrados. También puede haber reducción y retardo en la actividad motora y mental, mantenimiento anómalo de posturas con los miembros o incapacidad para persistir en una postura determinada. Cuando estas áreas se lesionan en ambos hemisferios aparece alteración de la postura, la marcha se hace inestable y descoordinada, con frecuentes caídas, es conocida como *marcha frontal*, llegando finalmente a imposibilidad para caminar si la patología de fondo progresa. Lesiones algo más anteriores a este área llevan a una dificultad en los movimientos voluntarios y coordinados de los ojos.

Con el compromiso lesional de las llamadas áreas prefrontales de los lóbulos frontales, que son las de más reciente adquisición en el proceso evolutivo del cerebro humano, aparecen disfunciones ejecutivas caracterizadas por la dificultad en la toma de decisiones e iniciativas, incapacidad para llevar a cabo una tarea planificada, fallos en la atención y concentración, pérdida de la memoria de trabajo, alteración del juicio sobre uno mismo y sobre lo que sucede en el entorno, y pueden darse dificultades más o menos severas en el pensamiento abstracto. Estos síntomas suelen acompañarse de abulia, indiferencia o de pérdida de valores morales.

Dependiendo de la extensión de la lesión, si esta afecta o no a ambos lóbulos frontales y su permanencia en el tiempo, aparecen síntomas conductuales de distinto tipo e intensidad variable. El paciente así afecto de estas lesiones prefrontales sufre cambios de personalidad, depresión, tristeza, ansiedad con cambios severos de humor, irritabilidad o agresividad marcadas. A veces se acompaña de desinhibición, comportamiento pueril o jocoso, llanto o risa inmotivada, trastornos de la sexualidad con hipersexualidad o desinhibición, y pérdida de las formas sociales, comportamientos obsesivos e indiferencia afectiva y social.

Cuando estas extensas lesiones afectan a ambos lóbulos y destruyen las áreas prefrontales, el paciente tiene además pérdida del control de esfínteres, con incontinencia, alteración del equilibrio y la coordinación, la marcha se hace cada vez más inestable hasta llegar a una incoordinación severa de las extremidades, con imposibilidad para caminar y, si esto progresa, puede llegar a una situación conocida como «mutismo acinético», en que el paciente no habla, está indiferente a él mismo y a su entorno.

Como colofón a este apartado sobre cómo afectan las lesiones, según su localización, a las distintas funciones del cerebro, queremos insistir en el concepto de que, aunque algunas zonas del cerebro son específicas de determinadas funciones, el cerebro y sus hemisferios actúan de forma conjunta, como un sistema de redes interconectadas que comparten información, con un protagonismo mayor de un conjunto u otro de redes según las distintas funciones en un tiempo determinado. Esta complejidad funcional es lo que lleva a que las manifestaciones clínicas presenten cierta variabilidad de un paciente a otro con lesiones de la misma localización y características, porque las conexiones intracerebrales varían de unas personas a otras, confirmando que nuestro cerebro es único.

CONCLUSIONES

Los conocimientos actuales nos permiten afirmar que la protección de la salud de nuestro cerebro y la prevención de sus enfermedades es posible. Existe un importante acúmulo de información de alto valor científico que sustenta las acciones y propuestas aportadas en este libro, para proteger el cerebro en la salud y evitar sus enfermedades.

El declinar de las funciones cerebrales, y por tanto de la cognición que se produce con la edad, es inevitable y forma parte de nuestra propia naturaleza, pero también debemos saber, con una visión positiva, que hay métodos para paliar este declive y enlentecer su evolución, así como protegernos contra determinadas enfermedades. Esta visión que supone aplicar esas pautas, actitudes y estilos de vida que se tratan en este libro deben ser adaptadas individualmente, en edades tempranas de la vida, y asentadas en un compromiso con uno mismo, y con la esperanza de que una buena salud nos acompañe lo largo de nuestra existencia.

El envejecimiento saludable de nuestro cerebro y sus manifestaciones en nuestra vida diaria no debe ser objeto de pesimismo, sino de equilibrio entre aceptar su declinar y luchar contra sus consecuencias, con esa actitud optimista, que nos tiene que guiar ante la suerte de ir cumpliendo años, debemos ver pasar y disfrutar la vida.

Desde hace décadas en el mundo sanitario, en los ambientes médicos y en la sociedad en general, existe una clara conciencia de que es tan importante la prevención de las enfermedades como su curación, y de esto se deriva la necesidad de mantener un buen estado de salud a lo largo de toda la vida.

La medicina curativa sigue ejerciendo una clara hegemonía sobre la medicina preventiva, tanto a niveles asistenciales como académicos. Esta última se ve infravalorada sin una extensión, implementación y presencia en los distintos ámbitos institucionales y sociales como se merece, acorde con los conocimientos actuales y el peso que debería tener en las estrategias de salud a sus diferentes niveles.

Si bien hay que exigir a la sociedad en general más implicación en estos temas de salud, también es clave llamar la atención a la conciencia individual, para que se sume a preservar y potenciar la salud propia. Esto requiere de una apuesta decidida y mantenida en la educación de la población, especialmente en la infancia, adolescencia y juventud, que es donde adquirimos nuestros hábitos básicos y nuestro estilo de vida. En las edades avanzadas debe prevalecer el sentimiento de bienestar con nosotros mismos y con nuestro entorno, aun en un horizonte de incertidumbres, pues en el fondo se trata de conseguir el mejor estado posible de salud y felicidad.

También sabemos de la dificultad para iniciar o mantener estas actitudes vitales y actividades dirigidas a la prevención de las enfermedades, así como su mantenimiento a lo largo de la vida del individuo. Por ello creemos, siempre con la preservación del individuo como ser libre y central de su propia existencia, en la implicación de los diferentes actores sociales, sociosanitarios, administrativos y políticos en la implementación de estas medidas de salud, que afectan a un número importante de la población en claro crecimiento. La propia edad y las condiciones de salud y socioeconómicas deficientes condicionan un abanico de situaciones individuales de fragilidad y vulnerabilidad, con sus implicaciones en la esperanza y en la calidad de vida de las personas.

A lo largo del libro nos hemos centrado en el principal objetivo, que es aportar aquellas medidas de salud para proteger el cerebro de algunas enfermedades y cómo procurar un envejecimiento sano del órgano donde reside nuestra mente. Esperamos haber alcanzado el objetivo que nos propusimos en el diseño y desarrollo de esta obra. Así que, animamos a nuestros lectores a seguir las pautas indicadas, deseándoles una vida y un envejecimiento saludables. Con esta finalidad se ha escrito este libro.

GLOSARIO DE TÉRMINOS

Anamnesis: Datos aportados por el paciente sobre su propia enfermedad.

Afasia: Defecto en el lenguaje producido por una lesión cerebral, que altera la producción y la comprensión de las palabras y frases, tanto habladas como escritas. Hay distintos tipos de afasia que pueden instaurarse de forma brusca o progresiva según el tipo de enfermedad que la provoque.

Agnosia: Incapacidad del reconocimiento de objetos, lugares, animales o personas, por defecto en las funciones superiores perceptivas.

Apraxia: Incapacidad de ejecutar un movimiento aprendido en respuesta a un estímulo apropiado.

Arterioesclerosis: Dureza y engrosamiento anómalo de las paredes arteriales, resultado de inflamación crónica, especialmente de la íntima, con tendencia a la obstrucción del vaso. La ateroesclerosis es la forma común de la arterioesclerosis caracterizada por el depósito difuso de placas de ateroma en la pared arterial.

Eco-Doppler: Es un estudio que utiliza ondas de sonido que se traducen en imágenes, para mostrar el flujo de la sangre circulando a lo largo de los vasos sanguíneos.

Endotelio vascular: Delgada membrana compuesta por células planas que recubre la túnica interna de la pared de los vasos sanguíneos.

Estenosis: Estrechez patológica de un orificio o conducto (p. e: una arteria).

Etiología: Estudio de las causas de las enfermedades.

Etiopatogenia: Modo de obrar las causas en los procesos patológicos.

Fisiología: Ciencia que estudia el funcionamiento de los seres orgánicos.

Fisiopatología: Estudio de las funciones corporales en el curso de la enfermedad y sus consecuencias en el organismo.

Hemianestesia, hemihipoestesia: Pérdida de sensibilidad total o parcial en un lado del cuerpo.

Hemiplejia, hemiparesia: Pérdida de fuerza y movilidad total o parcial en un lado del cuerpo.

Homeostasis: Tendencia al equilibrio o estabilidad orgánica en la conservación de constantes biológicas.

Incidencia: Número de nuevos enfermos producido por una determinada enfermedad por 1 000 habitantes (también puede expresarse por 10 000 o 100 000 habitantes) en un año.

Índice de Masa Corporal (IMC): Es la fórmula que nos permite calcular la masa corporal de una persona. Se calcula dividiendo el peso de la persona en kilogramos por la altura en metros al cuadrado. Debe estar entre 18,5 y 24,9. Por encima de 25 se considera sobre peso.

Isquemia: Detección de la circulación arterial en un órgano, o parte de él, y estado consecutivo sobre el tejido afectado por esta.

Metaanálisis: El metaanálisis es un conjunto de herramientas estadísticas que son útiles para sintetizar los datos de una colección de estudios que se agrupan según la calidad y efectos de los mismos.

Morbilidad: Número proporcional de personas que enferman en una población y tiempo determinado.

Mortalidad: Número proporcional de muertes en una población y tiempo determinado.

Patogenia o Patogénesis: Origen y desarrollo de las enfermedades en el organismo por una causa o causas determinadas.

Placa de ateroma: Depósito de lípidos en la pared arterial que produce induración e inflamación, y es la base de la arterioesclerosis y la producción de trombos arteriales.

Plasticidad neuronal: También llamada neuroplasticidad o plasticidad sináptica, es la capacidad que tiene el sistema nervioso, en todos sus niveles, de modificar sus estructuras y conexiones interneuronales según las condiciones de los distintos estímulos que sobre él actúan.

Prevalencia: Proporción de enfermos nuevos y antiguos producidos por una determinada enfermedad por 1 000 habitantes (también puede expresarse por 10 000 o 100 000 habitantes).

PET cerebral (*Proton Emission Tomography*, siglas en inglés): Prueba de medicina nuclear que, mediante la administración de trazador radioactivo, puede identificar las placas de amiloide en el cerebro, utilizándose como marcador diagnóstico de la enfermedad de Alzheimer.

RM cerebral (Resonancia Magnética cerebral): Estudio basado en ondas magnéticas para crear imágenes muy precisas del cerebro y tejidos circundantes. Puede utilizarse a cualquier otro nivel del cuerpo.

SPECT cerebral (*Simple Photon Emission Computed Tomography*, siglas en inglés): Es una prueba de medicina nuclear en la se utiliza un marcador radiactivo y a través de una gamma cámara, se puede apreciar el funcionamiento cerebral en sus distintas áreas.

TC cerebral (Tomografía Computarizada cerebral): Es un procedimiento de toma de imágenes con rayos X y con procesos computarizados, que pueden aplicarse a distintas zonas del cuerpo para generar imágenes transversales o cortes.

BIBLIOGRAFÍA

1. *Bradley and Daroff's. Neurology in Clinical Practice.* Joseph Jankovic, Jhon C. Mazziotta, Scott L. Pomeroy, Nancy J. Newman. Eighth Edition. Editorial Elsevier.

2. Frank L., J. Visseren, François Mach, Yvo M. Smulders, et al. «Guía ESC 2021 sobre la prevención de la enfermedad cardiovascular en la práctica clínica». *RevEspCardiol*, 2022;75(5): 429, e1-429.e104. doi.org/10.1016/j.recesp.2021.10.016.

3. *Documento de abordaje integral de la diabetes tipo 2.* Grupo de trabajo de diabetes *mellitus* de la Sociedad Española de Endocrinología y Nutrición. SEEN versión 2019.

4. Guías Fisterra. «Diabetes *Mellitus* tipo 2». Revisión de 2021.

5. «Standards of Medical Care in Diabetes 2022». American Diabetes Association. *Diabetes Care.* January 2022; vol. 45, supplement 1. doi.org/10.2337/dc22-SINT.

6. «Guía ESC/EAS 2019 sobre el tratamiento de las dislipemias: modificación de los lípidos para reducir el riesgo cardiovascular». Grupo de trabajo de la Sociedad Europea de Cardiología (ESC) y al European Atherosclerosis Society (EAS) sobre el tratamiento de las dislipemias. *Rev Esp*

Cardiol. 2020; 73(5): 403.e1-403.e70. doi.org/10.1016/j.
recesp.2019.11.009.

7. O' Donnell M. J., Chin S. L., Rangarajan S., Xavie D., Liu
    L., Zhang H., et al. «Global and regional effects of potentia-
    lly modifiable risk factors associated whit acute stroke in 32
    countries (INTERSTROKE): a case-control study». *Lancet*
    2016; 388:761-75. doi: 10.1016/S0140-6736(16)30506-2.

8. Garcí A., López-Cancio E., Rodriguez-Yañez M., y col.
    «Recomendaciones de la Sociedad Española de Neurología
    para la prevención del ictus. Actuación sobre los hábitos de
    vida y contaminación atmosférica». *Neurología* 2021; 36:
    377-387. doi: 10.1016/j.nrl.2020.05.018.

9. Shiliang Liu, Wee-Shian Chan, Joel G. Ray, et al. «Stroke
    and Cerebrovascular Disease in Pregnancy. Incidence,
    Temporal Trends, and Risk Factors». *Stroke* 2019; 50:13-
    20. doi.org/10.1161/STROKEAHA.118.023118.

10. Blöchl M., Nestler S. «Long-term Changes in Depres-
    sive Symptoms Before and After Stroke». Neurolo-
    gy, 2022 Aug 15;99(7): e720-e729.doi.org/10.1212/
    WNL.0000000000200756

11. Sánchez Perona Javier. *Los alimentos ultraprocesados* Edito-
    rial: CSIC Catarata 2022.

12. Estruch R., Ros E., Salas-Salvadó J., et al. «Primary Preven-
    tion of Cardiovascular Disease with a Mediterranean Diet
    Supplemented with Extra-Virgin Olive Oil or Nuts». *N Engl
    J Med*. 2018; 378: e 34. DOI: 10.1056/NEJMoa1800389.

13. Cordero A., Dolores M., Galve E. «Ejercicio y salud». *Rev
    Esp Cardiol*. 2014; 67(9) 748-753. doi.org/10.1016/j.re-
    cesp.2014.04.007.

14. Blanco M., Díez-Tejedor E., Vivancos F, y col. «Cocaína y enfermedad cerebrovascular en adultos jóvenes». *Rev Neurol 1999; 29 (9): 796-800.*

15. Rojas Marcos Luis, *Eres tu memoria,* Espasa Libros, colección Booket. Septiembre, 2020.

16. Rojas Marcos Luis, *Optimismo y salud.* Editorial Debolsillo, 2022.

17. Carlos López-Otín, María A. Blasco, Linda Partridge et al. «The Hallmarks of Aging». *Cell* 2013 June 6; 153(6): 1194–1217. doi: 10.1016/j.cell.2013.05.039.

18. Carlos López-Otín, María A. Blasco, Linda Partridge et al. «Hallmarks of aging: An expanding universe». *Cell* 2023 Jan 19, 186 (2): 243-278. doi:10.1016/j.cell.2022.11.001.

19. *Principios de Neurología.* Capítulo «Neurología del envejecimiento». McGraw-Hill Interamericana, edición 2001.

20. *Guía oficial para la práctica clínica en demencias: conceptos, criterios y recomendaciones.* Sociedad Española de Neurología, 2009.

21. *Guía oficial para la práctica clínica en demencias.* Sociedad Española de Neurología 2018.

22. «Deterioro cognitivo leve en el adulto mayor». Documento de consenso. Sociedad Española de Geriatría y Gerontología 2017.

23. «Plan Integral de Alzheimer y Otras Demencias» (2019-2023). Ministerio de Sanidad, Consumo y Bienestar, 2019.

24. Frank J. Wolters, Lori B. Chibnik, Reem Waziry et al. «Twenty-seven-year time trends in dementia incidence in Europe and the United States». *Neurology* 2020; 95: e519-e531.doi:10.1212/WNL.0000000000010022.

25. Olazarn J. Agüera-Ortiz Luis F., Muñiz-Schwochert R. «Síntomas psicológicos y conductuales de la demencia: prevención, diagnóstico y tratamiento». *Rev Neurol* 2012; 55 (10): 598-608. doi.org/10.33588/m5510.20123370.

26. «Global action plan on the public health response to dementia 2017-2025». World Health Organization, 2017.

27. «La prevención del Alzhéimer», Fundación Pascual Maragall.

28. McGrath ER, Beiser AS, DeCarli C, et al. «Blood pressure from mid-to late life and risk of incident dementia». *Neurology* 2017;89: 2447–54.doi: 10.1212/WNL.0000000000004741.

29. Gill Livingston, Jonathan Huntley, Andrew Sommerlad, et al. «Dementia prevention, intervention, and care: 2020 report of the Lancet Commission». *Lancet* 2020; 396: 413–46. Published Online, July 30, 2020. doi.org/10.1016/S0140-6736(20)30367-6.

30. Iwagami M., Qizilbash N., Gregson J., et al. «Blood cholesterol and risk of dementia in more than 1,8 million people over two decades: a retrospective cohort study». *Lancet Healthy Longev.* 2021 Jul 23. doi: 10.1016/S2666-7568(21)00150-1.

31. Sabia S., Fayosse A., Dumurgier J., et al. «Association of ideal cardiovascular health at age 50 with incidence of dementia: 25-year follow-up of Whitehall II cohort study». *BMJ* 2019; 366: l4414. doi: 10.1136/bmj. l4414.

32. Steven P. Simmons, William E. Mansbach, Jode L. Lyons. *Salud mental durante el envejecimiento*. Ediciones Obelisco, 2021.

33. Natalia Gomes Gonçalves, Naomi Vidal Ferreira, Neha Khandpur, et al. «Association Between Consumption of Ultraprocessed Foods and Cognitive Decline». *JAMA Neurol.* 2023; 80(2):142-150. doi:10.1001/jamaneurol.2022.4397.

34. Huiping Li, Hongxi Yang, Yuan Zhang et al. «Association of Ultraprocessed Food Consumption with Risk of Dementia: A Prospective Cohort». *Neurology*. 2022 Sep., 6;99(10): e1056-e1066. doi: 10.1212/WNL.0000000000200871.

35. Stephanie K. Nishi, Nancy Babio, Carlos Gómez-Martínez, et al. «Mediterranean, DASH, and MIND Dietary Patterns and Cognitive Function: The 2-Year Longitudinal Changes in an Older Spanish Cohort». *Front Aging Neurosci* 2021. Dec. 13; 13:782067. doi: 10.3389/fnagi.2021.782067.

36. Larrieu S., Letenneur L., Helmer C. et al. «Nutricional factors and risk of incident dementia in the PAQUID longitudinal cohort». *J Nutr Health Aging* 2004; 8: 150-4.

37. Ritchie K., Carrière I., Mendonça A., et al. «The neuroprotective effects of caffeine: a prospective population study (the Three City Study)». *Neurology* 2007; 69:536-545. doi: 10.1212/01.wnl.0000266670.35219.0c

38. Peters R., Ee N., Peters J., et al. «Air pollution and dementia: a systematic review». *J Alzheimer's, Dis* 2019; 70: S145–63. doi: 10.3233/JAD-180631.

39. Albanese E., Launer L. J., Egger M., et al. «Body mass index in midlife and dementia: systematic review and meta-regression analysis of 589,649 men and women followed in longitudinal studies». *Alzheimer's Dement (Amst)* 2017; 8: 165-78. doi: 10.1016/j.dadm.2017.05.007.

40. Veronese N., Facchini S., Stubbs B., et al. «Weight loss is associated with improvements in cognitive function among overweight and obese people: a systematic review and meta-analysis». *Neurosci Biobehav Rev* 2017; 72: 8. doi: 10.1016/j.neubiorev.2016.11.017

41. Prince M. J. A., Albanese E., Guerchet M., Prina M. «The World Alzheimer Report 2014. Dementia and risk reduction. An analysis of protective and modifiable factors». *Alzheimer's Disease International,* 2014.

42. Almeida O. P., Hankey G. J., Yeap B. B., Golledge J., Flicker L. «Depression as a modifiable factor to decrease the risk of dementia». *Transl Psychiatry* 2017; 7: e1117. doi:10.1038/tp.2017.90

43. Fann J. R., Ribe A. R., Pedersen H. S., et al. «Long-term risk of dementia among people with traumatic brain injury in Denmark: a population-based observational cohort study». *Lancet Psychiatry* 2018; 5: 424–31. doi: 10.1016/S2215-0366(18)30065-8.

44. Kremen W. S., Beck A., Elman J. A., et al. «Influence of young adult cognitive ability and additional education on later-life cognition». *Proc Natl Acad Sci USA* 2019; 116: 2021–26. doi: 10.1073/pnas.1811537116.

45. Blacker D., Weuve J. «Brain exercise and brain outcomes: does cognitive activity really work to maintain your brain?». *JAMA Psychiatry* 2018; 75: 703–04. /doi:10.1001/jamapsychiatry.2018.0656.

46. Kane R. L. B. M., Fink H. A., Brasure M., et al. «Interventions to prevent age-related cognitive decline, mild cognitive impairment, and clinical Alzheimer's-type dementia». *Rockville, MD: Agency for Healthcare Research and Quality*, 2017.

47. Butler M., McCreedy E., Nelson V. A., et al. «Does cognitive training prevent cognitive decline? A systematic review». *Ann Intern Med* 2018; 168: 63-68.doi: 10.7326/M17-1531.

48. Gates N. J., Rutjes A. W., Di Nisio M., et al. «Computerised cognitive training for maintaining cognitive function in cognitively healthy people in midlife». *Cochrane Database Syst Rev* 2019; 3: CD01227.doi: 10.1002/14651858.CD012277.pub2.

49. «Directrices de la OMS para la reducción de los riesgos de deterioro cognitivo y demencia». Washington, D. C.: Organización Panamericana de la Salud; 2020. Licencia: CC BY-NC-SA 3.0 IGO.

50. Zotcheva E., Bergh S., Selbak G., et al. «Midlife physical activity psychological distress, and dementia risk: the HUNT study». *J Alzheimers Dis* 2018; 66: 825–33. doi: 10.3233/JAD-180768.

51. Horder H., Johansson L., Guo X., et al. «Midlife cardiovascular fitness and dementia: a 44-year longitudinal population study in women». *Neurology* 2018; 90: e1 298–305. doi.org/10.1212/WNL.0000000000005290.

52. Kivimaki M., Singh-Manoux A., Pentti J., et al. «Physical inactivity, cardiometabolic disease, and risk of dementia: an individual participant meta-analysis». *BMJ* 2019**; 365:** l1495. doi.org/10.1136/bmj.l1495.

53. Northey J. M., Cherbuin N., Pumpa K. L., Smee D. J., Rattray B. «Exercise interventions for cognitive function in adults older than 50: a systematic review with meta-analysis». *Br J Sports Med* 2018; 52: 154-60. doi: 10.1136/bjsports-2016-096587.

54. Song D., Yu D. S. F., Li P. W. C., Lei Y. «The effectiveness of physical exercise on cognitive and psychological outcomes in individuals with mild cognitive impairment: a systematic review and metanalysis». *J Nurs Stud* 2018; 79: 155-64. doi: 10.1016/j.ijnurstu.2018.01.002.

55. Sommerlad A., Ruegger J., Singh-Manoux A., Lewis G., Livingston G. «Marriage and risk of dementia: systematic review and meta-analysis of observational studies». *J Neurol Neurosurg Psychiatry* 2018; 89: 231-38. hdoi: 10.1136/jnnp-2017-316274.

56. Evans I. E. M., Martyr A., Collins R., Brayne C., Clare L. «Social isolation and cognitive function in later life: a systematic review and metaanalysis». *J Alzheimers Dis* 2019; 70: S119–44. doi: 10.3233/JAD-180501.

57. Penninkilampi R., Casey A. N., Singh M. F., Brodaty H. «The association between social engagement, loneliness, and risk of dementia: a systematic review and meta-analysis». *J Alzheimers Dis* 2018; 66: 1619-33.doi: 10.3233/JAD-180439.

58. Spira A. P., Gamaldo A. A., An Y., et al. «Self-reported sleep and β-amyloid deposition in community-dwelling older adults». *JAMA Neurol* 2013; 70: 1537-43.doi: 10.1001/jamaneurol.2013.4258.

59. Sindi S., Kareholt I., Johansson L., et al. «Sleep disturbances and dementia risk: a multicenter study». *Alzheimers Dement* 2018; 14:1235-42. doi: 10.1016/j.jalz.2018.05.012.

60. Irwin M. R., Vitiello M. V. «Implications of sleep disturbance and inflammation for Alzheimer's disease dementia». *Lancet Neurol* 2019; 18: 296-306. doi: 10.1016/S1474-4422(18)30450-2.

61. Shi L., Chen S. J., Ma M. Y., et al. «Sleep disturbances increase the risk of dementia: a systematic review and meta-analysis». *Sleep Med Rev* 2018; 40: 4-16. doi: 10.1016/j.smrv.2017.06.010.

62. Kabat Zinn Jon, *Mindfulness para principiantes*. Edición Debolsillo. Septiembre, 2019.

63. Alexander, C. N., Langer, E. J., Newman, R. I., et al. «Transcendental Meditation, mindfulness, and longevity: An experimental study with the elderly». *Journal of Personality and Social Psychology*, 1989 57(6), 950-964. /doi: 10.1037//0022-3514.57.6.950.

64. B. K. Holzel, J. Carmody, M. Vangel et al. «Mindfulness practice leads to increases in regional brain gray matter density». *Psychiatry Research* 2011, 191(1): 36-43. doi: 10.1016/j.pscychresns.2010.08.006.

65. Peter T. Nelson, Dennis W. Dickson, John Q. Trojanowski, et al. «Limbic-predominant age-related TDP-43 encephalopathy (LATE): consensus working group report». *Brain* 2019: 142; 1503-1527. doi:10.1093/brain/awz099.

66. «Guía Oficial de Recomendaciones Clínicas en la Enfermedad de Parkinson», 2019. Sociedad Española de Neurología. Ediciones SEN.

67. «La ELA: Una realidad ignorada». Fundación Francisco Luzón. Febrero, 2017.

68. «Guía para la atención de la esclerosis lateral amiotrófica (ELA) en España». Sanidad, 2009. Ministerio de Sanidad y Política Social.

69. Kathryn C., Fitzgerald, M. Sc, Éilis J. O'Reilly, ScD; Guido J. Falcone et al. «Dietary ω-3 Polyunsaturated Fatty Acid Intake and Risk for Amyotrophic Lateral Sclerosis». *JAMA Neurol.* 2014; 71(9):1102-1110. doi:10.1001/jamaneurol.2014.1214.

70. «Informe Ehon Doctor Google». Asociaciones de Investigadores en Salud. www.aiesalud.com.

71. «Intersectoral action: the arts, health and well-being: sector brief on arts». World Health Organization. Regional Office for Europe, 2019. https://apps.who.int/iris/handle/10665/346537.

72. Corrales-Heras M., Garcia M..«Influencia de la música en la neuroquímica positiva: Una visión general». *Revista de Investigación en Musicoterapia, 6*, 2022, pp. 19-45. doi.org/10.15366/rim 2022.6.002.

73. Young-Ja Jeong, Sung-Chan Hong, Myeong Soo Lee, et al «Dance movement therapy improves emotional responses and modulates neurohormones in adolescent's whit mild depression.». *Int J Neurosa* 2005 dec; 115(12):1711-20. doi: 10.1080/00207450590958574.

74. Magherini G., *El síndrome de Stendhal,* Espasa Calpe, 1990.

75. Ramón y Cajal Santiago, *El mundo visto a los ochenta años,* tercera edición. Madrid (Edicción facsímil. Editorial Maxtor. www.maxtor.es).

76. Custodio N., Cano-Campos M., «Efectos de la música sobre las funciones cognitivas», *Rev Neuropsiquiatr 80 (1), 2017.* dx.doi.org/10.20453/rnp.v80i1.3060.

77. Masao R., Martinez A. R., Alonso M. A., «Música y Neurociencias», *Arch Neurocien* (Mex), Vol. 15, Nº. 3: 160-167; 2010.

78. Arias M. «Música y cerebro: Neuromusicología», *Neurosciences and History 2014; 2(4):149-155.*

79. Gates N. J., Rutjes A. W. S., Di Nisio M., et al. «Computerised cognitive training for maintaining cognitive function in cognitively healthy people in midlife». *Cochrane Database of Systematic Reviews* 2019, Issue 3. Art. Nº.: CD012278. doi:10.1002/14651858.CD012278. pub2.

80. Ministerio de Sanidad, Servicios Sociales e Igualdad. «Actividad Física para la Salud y Reducción del Sedentarismo. Recomendaciones para la población. Estrategia de Promoción de la Salud y Prevención en el SNS». Madrid, 2015.

81. Patricia Huston, Bruce Mc Farlane. «Health benefits of tai chi: What is the evidence?» *Can Fam Physician* 2016; 62:881-90.

82. Wei G-X, Xu T., Fan F-M, Dong H-M, Jiang L-L, Li H-J, et al. «Can Tai chi Reshape the Brain? A Brain Morphometry Study». *PLoS ONE* 8(4): e61038. 2013.doi. org/10.1371/journal.pone.0061038.

83. Fuzhong Li, Harmer P., Fitzgerald K. et al. «Tai Chi and Postural Stability in Patients with Parkinson's Disease». *N Engl J Med* 2012; 366:511-519. doi: 10.1056/NEJ-Moa1107911.

84. Song R., Grabowska W., Park M., et al. «The impact of Tai Chi and Qigong mind-body exercises on motor and non-motor function and quality of life in Parkinson's disease: A systematic review and meta-analysis». *Parkinsonism Relat Disord.* 2017 August; 41: 3–13. doi: 10.1016/j. parkreldis.2017.05.019.

85. Nancy L. Martens. «Yoga Interventions Involving Older Adults: Integrative Review». *J Gerontol Nurs.* 2022 Feb; 48 (2):43-52. doi: 10.3928/00989134-20220110-05.

86. García-Garro P. A., Hita-Contreras F., Martínez-Amat A., et al. «Effectiveness of A Pilates Training Program on Cognitive and Functional Abilities in Postmenopausal Women». *Int. J. Environ. Res. Public Health* 2020, *17*(10), 3580; doi.org/10.3390/ijerph17103580.

87. Margaret M. Hansen, Reo Jones, and Kirsten. «Tocchini Shinrin-Yoku (Forest Bathing) and Nature Therapy: A State-of-the-Art Review». *Int J Environ Res Public Health.* 2017 Aug; 14(8): 851. doi: 10.3390/ijerph14080851.

88. Gardenera H., Levina B., DeRosab J., «Social Connectivity is Related to Mild Cognitive Impairment and Dementia». *J Alzheimers Dis.* 2021; 84 (4): 1811-1820. doi:10.3233/JAD-210519.

89. Maslow A. H., «A theory of human motivation». *Psychological Review,* 1943 50(4), 370-396. doi.org/10.1037/h0054346.

90. «Estrategia para el Abordaje de la Cronicidad en el Sistema Nacional de Salud». Sanidad, 2012. Ministerio de Sanidad, Servicios Sociales e Igualdad.

91. «Revisión de intervenciones en atención primaria para mejorar el control de las enfermedades crónicas». Informe de Evaluación de Tecnologías Sanitarias Nº 39. Instituto de Salud Carlos III, Madrid, diciembre de 2003.

92. Plataforma de Organizaciones de Pacientes. «Observatorio de Atención al paciente». Informe diciembre 2022.

93. «Estrategia en Salud Cardiovascular del Sistema Nacional de Salud» (ESCAV). Marzo, 2022. Ministerio de Sanidad.

94. Hipócrates, *Sobre la enfermedad sagrada.*

95. Mark F. Bear, Barry W. Connors, Michael A., *Neurociencia. La exploración del cerebro,* Paradiso. Wolters Kluver, 4ª Edición, 2016.

96. Damasio Antonio, *El error de Descartes,* Biblioteca de bolsillo, 2006.

97. Netter F. H., *Atlas de Anatomía Humana,* 8ª Edición. Elsevier España.

98. Schünke M., Schulte E., Schumacher U., *Texto y Atlas de Anatomía,* 5ª Edición. Col. PROMETHEUS, editorial Panamericana.

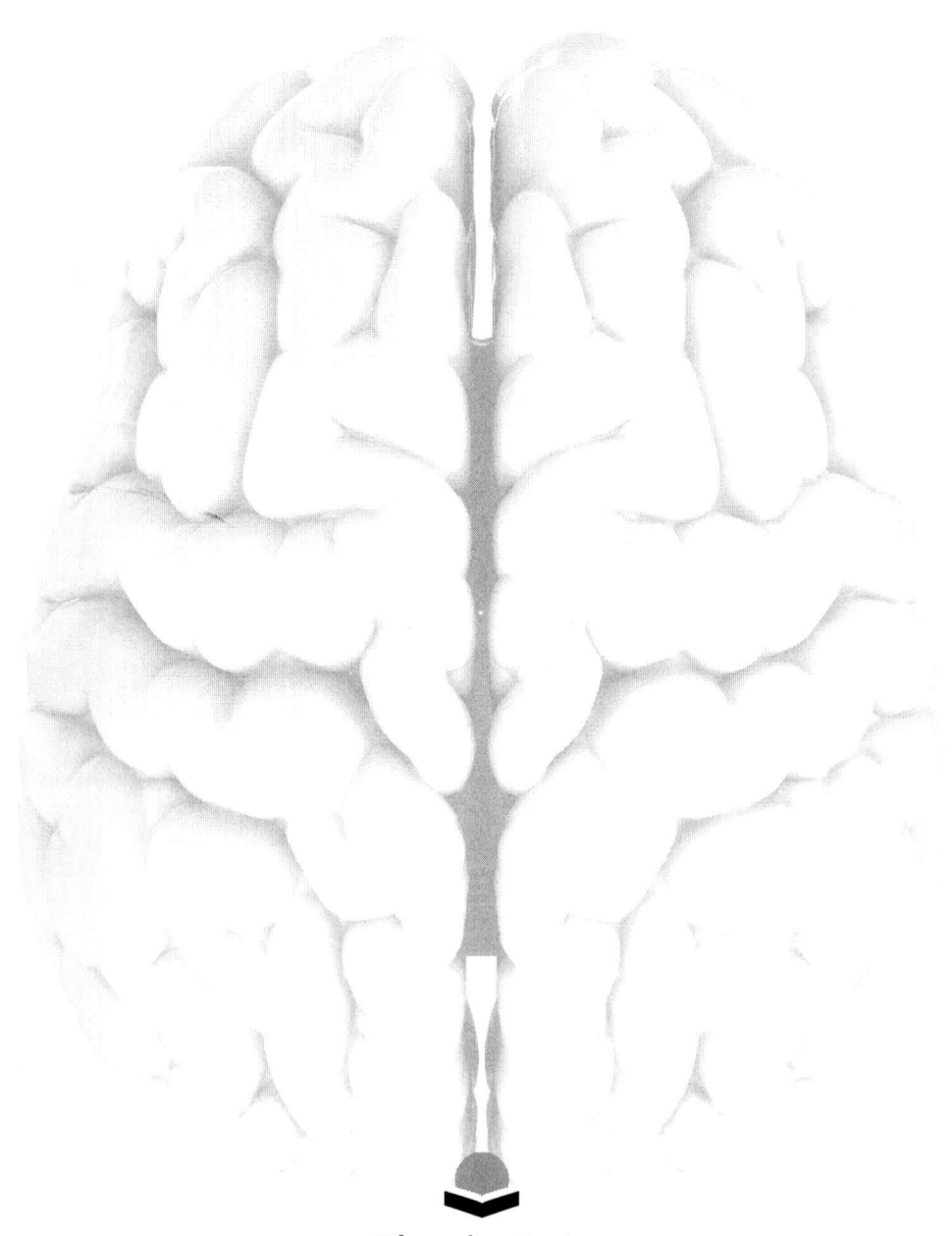

Círculo Rojo
EDITORIAL